内容と使い方

付属のDVDには音声付きの動画が収録されています。この本で紹介されたご本人が登場し、わかりやすく実演・解説していますので、ぜひともご覧ください。

DVDの内容 全56分

浮きワラなしの浅水代かきに初挑戦
神奈川県 若林英司さん／宮城県 中川健一さん
10分 ［関連記事 8、14 ページ］

浅水さっくり代かきで根張りよし
福島県 薄井勝利さん、薄井吉勝さん
12分 ［関連記事 20 ページ］

深水代かき３回で雑草減らし
栃木県 杉山修一さん
13分
［関連記事 54 ページ］

手抜き代かきのススメ
ビデオ「イネ機械作業コツのコツ」より
富山県 長島文次さん
［関連記事 40 ページ］

DVDの再生 付属のDVDをプレーヤーにセットするとメニュー画面が表示されます。

「全部見る」を選択。ボタンが青色に

全部見る

「全部見る」ボタンを選ぶと、DVDに収録された動画が最初から最後まで連続して再生されます。

「パート1」を選択した場合

パートを選択して再生

パート１から４のボタンのいずれかを選ぶと、そのパートのみが再生されます。

このDVDに関する問い合わせ窓口 **農文協DVD係：03-3585-1146**

目次

浅水？ 深水？ あなたの代かきはどっち？ 4

図解 そもそも、代かきってなに？ 6

水を入れすぎてないか？

浮きワラをなんとかしたい！

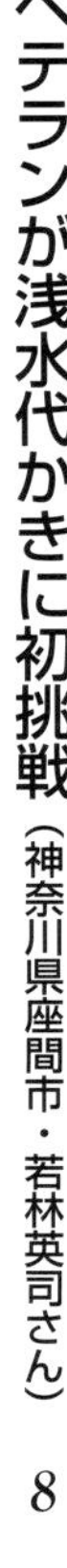

稲作60年のベテランが浅水代かきに初挑戦（神奈川県座間市・若林英司さん） 8

大ベテランも気付いた「これなら、もっと浅水でもいいねぇ」（宮城県大崎市・中川健一さん） 14

浅水代かきで裏作ナバナも練り込み、鏡のような田んぼ 中田和也 16

浅水さっくりで根張りよし「完全落水」代かき 薄井勝利 20

鳥取で広がる浅水代かき 濁水流出防止にも効果的 三谷誠次郎 22

長いワラ＋二山盛り＋浅水代かきでムギ跡もきれい 鈴山隆広 24

ドライブハローの構造 25

代をかきすぎてないか？

2回を1回にしたら、いいことだらけ

さっくり代かきで集落営農の仕事が回る（新潟県上越市・㈱ふるさと未来） 26

図解　代をかきすぎると、どうなる？　30

上はトロッ、下はコロコロ
耕盤真っ平らのさっくり代かき（福島県北塩原村・佐藤次幸さん）　32

今も色あせない　手抜き代かきのススメ
――ビデオ「イネ機械作業コツのコツ」より　40

耕耘・代かきは半不耕起で一発仕上げ（福島県平田村・鹿又正さん）　45

無代かきの土はコロコロ、ガスわきなし　富澤喬史　46

パワーハローで無代かき栽培
地温が高くてイネの生育も良かった（茨城県五霞町・鈴木一男さん）　48

雑草対策には深水代かき

トロトロ層を手早く作る　夜に深水で植え代かき　石田慎二　50

深水代かき3回で
コナギもクログワイもぷかぷか浮かせる（栃木県塩谷町・杉山修一さん）　54

おまけ

水もち対策

アゼ塗り機で丈夫な「手塗りのアゼ」を再現（三重県松阪市・青木恒男さん）　58

トラクタ名人　サトちゃんの技を取り上げたＤＶＤ＆単行本　64

（依田賢吾撮影）

それ、ホントに「浅水」？

「あなたの荒代かきは、浅水ですか？　深水ですか？」と聞いたところ、多くの農家（11人中7人）が「浅水」と回答。でも、そもそも何をもって浅水、深水なのか？　同じ浅水でも、人によっては深水というかもしれない。

そこで、荒代をかく前に、地面（土塊）の何割程度が見える（露出している）水位かを聞いた結果が下のグラフ。ちょうど2割と3割の間で浅水、深水の認識が分かれた。農家にとっては、土塊が3割程度見える状態でなら「浅水でやってるぞ」という意識になるようだ。

これについて、鳥取県にて代かき水による河川・湖沼の富栄養化防止策として浅水代かきを推進してきた三谷誠次郎さん（22ページ）に意見を聞いてみた。

「鳥取では土が8割、水が2割見える状態が浅水代かきの目安です。私の経験からいうと、農家のみなさんが『代かきができる』と感じる時点で、たいていは浅水ではないですね。実際に浅水代かきの実演圃場に来てもらうと、『これじゃあ、代はかけないだろう』と思う人が大半なんですよ」

土が8割で水が2割、最初はみんな「できるわけがない」と思うほどの水位が、浮きワラが確実にすき込め、さっくりと効率のよい代かき作業ができる「浅水」。多くの農家が「これくらいなら浅水」（土が3割以上見える状態）と考える水位とはズレがありそうだ。

漏水対策はアゼ管理の徹底で

一方、意識的に「深水」で代かきしている農家もいる。その理由は何だろうか？

「深水」と答えた人に聞くと、一つは砂地の漏水対策が挙げられた。「長靴でスイスイ歩けるほどの砂地で、漏水が激しいから」という人もいた。深水だと浮きワラ対策に手間はかかるが、まずはしっかり練って少しでも漏水を防ぎたいという気持ちがあるようだ。

これに対し、三谷さんも福島県の機械作業名人のサトちゃん（32ページ）も、深水で土を練る前に、アゼ管理の徹底を心がけてほしい、と呼びかけ

耕耘したあとの土がほとんど水没。
完全な深水

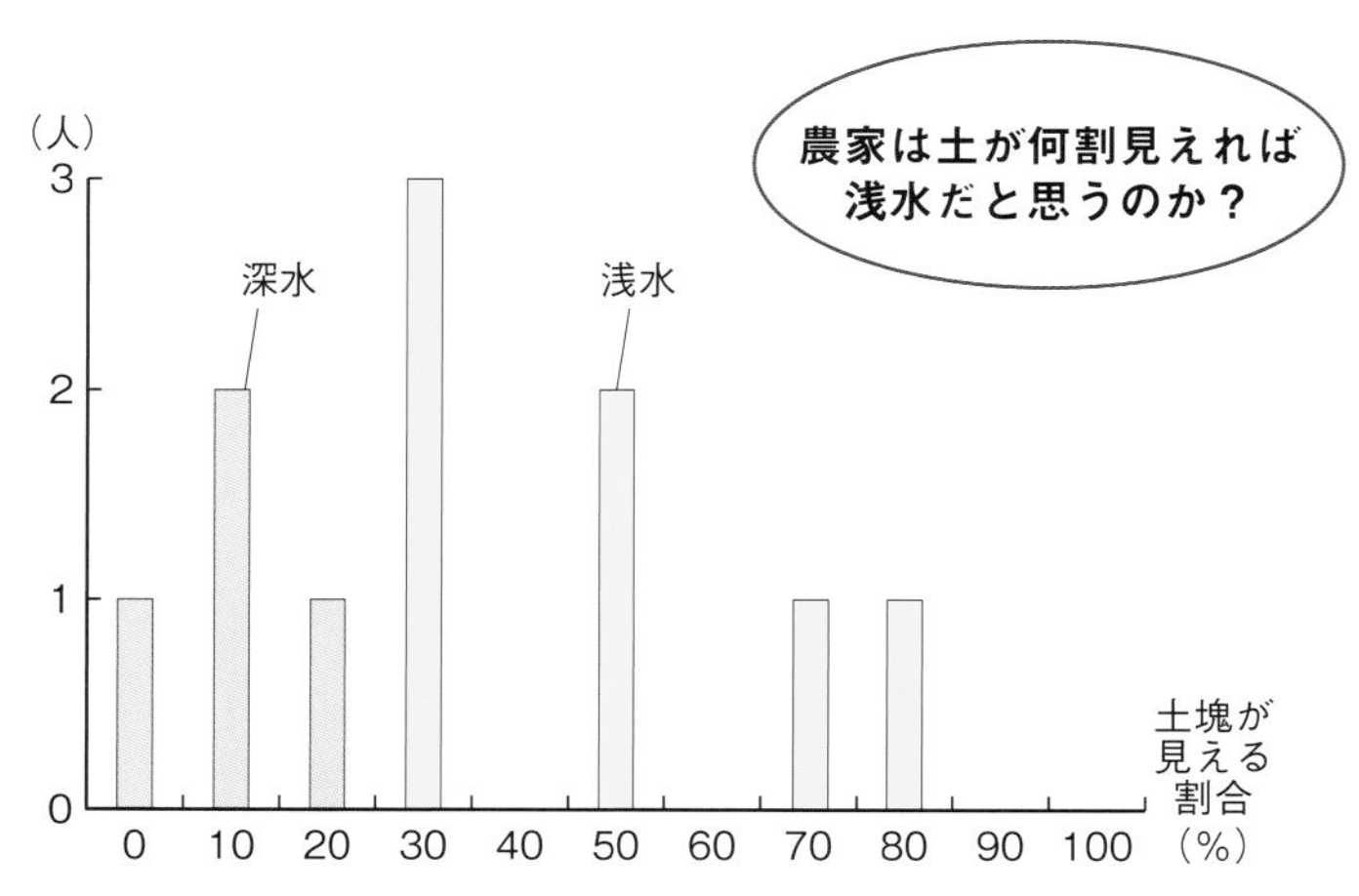

代かき前の土塊が見える割合と、「深水」、「浅水」と回答した人の数。土塊が2割以下だと「深水」、3割以上だと「浅水」と捉える傾向がうかがえる

アンケート　深水？　浅水？

代かきアンケートを11人の農家にご協力いただいたところ、
それぞれの農家によって違う意識とやり方が見えてきた??

あなたの代かきはどっち？

る。漏水の原因は、田面よりもアゼ際であることが多いからだ。

まずは、アゼ塗りがビシッとできているかをチェックしたい。作業機の水平がとれていなくて土がしっかり盛れなかったり、作業時の土壌水分が少なすぎて元アゼに密着せず、入水後すぐに崩れてしまうことも結構あるようだ（58ページ）。また、アゼ塗り後や代かき前に、トラクタの車輪でアゼ際を踏むだけでも、水持ちはぜんぜん違ってくる（できれば右回り、左回りと2回走行）。浅水さっくり代かきでも、漏水が心配なときはアゼ周りだけ1周多く回るという手もある。

アンケート協力者のなかには、アゼ際だけでなく田面全体を踏圧する目的で、レーザーレベラーで均平をとったあと、冬の間に6tのバックホーをトラック（積載車）に載せて田んぼの中をぐるぐる回るという方もいた。その後に耕耘するが、作土層の下が締め固められているので、見違えるほど水持ちがよくなるそうだ。

重粘土の漏水対策に10日前入水という手もあり!?

砂地ではなく、粘土地の漏水対策として深水を採用する人もいる。重粘土の圃場では水の量が少ないと十分に土が細かくならず、コロコロのまま残ってしまうことがあるからだ。

そんなときは、サトちゃんによると「『水の量』ではなく、『水の性質』を利用する手もある」という。なんでも「入水してから荒代かきまでの期間を10日ほどおくとよい」のだとか。水を含んだ土塊は、昼と夜の気温差によって、膨張と収縮を繰り返す。3日ではあまり期待できないが、10日おくと水の力で土塊がかなりもろくなるので、「浅水代かきも可能」になるらしい。深水でやるしかないと割り切る前に、試してみる価値はありそうだ。

＊

その他、深水代かきをする理由としては、「除草剤を使わない圃場での雑草対策」（50ページ）、「用水が自由に使えないので、水のあるときにたっぷり溜めておかざるを得ない」といった理由も挙げられた。栽培法や圃場条件によっては、深水をうまく使いこなすワザを探っておく必要もありそうだ。

＊2019年5月号「あなたの代かきはどっち？」

土塊が8割・水が2割

鳥取県での浅水代かきの実践圃場。水がほとんど見えないが、これで十分（写真提供：三谷誠次郎）

ワラに土が絡み合うように練り込まれる（依田賢吾撮影）

土塊が5割・水が5割

一見、浅水にも思えるが、これではまだ深水

代かき後。ワラが泥に包まれず、風が吹くと圃場の隅に寄り集まる

そもそも、代かきってなに？

代かきの目的は大きく五つ

1 田んぼの漏水防止

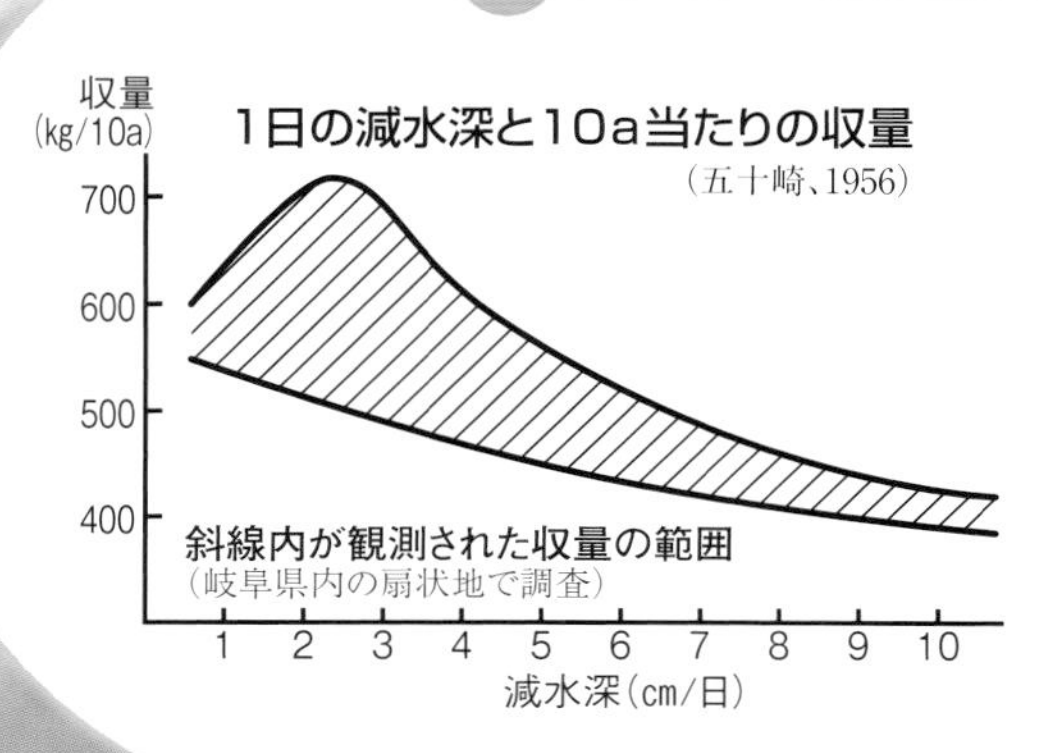

水を溜める装置である田んぼの基本機能だね。1日で下がる水位（減水深）が2～3㎝のときに、イネの収量は最大になるといわれるよ。でも、水がぜんぜん抜けないのも問題なんだ

2 表層の砕土・均平

田植えをしやすくするために、土の表層を細かく砕いて均す。田面をお化粧直しするようなもんさ

爪で砕くだけでなく、水の力も利用する。土と水を一緒に攪拌することで大きな塊は先に沈み、細かい土が後から上にのるから、表面がトロッとなる。

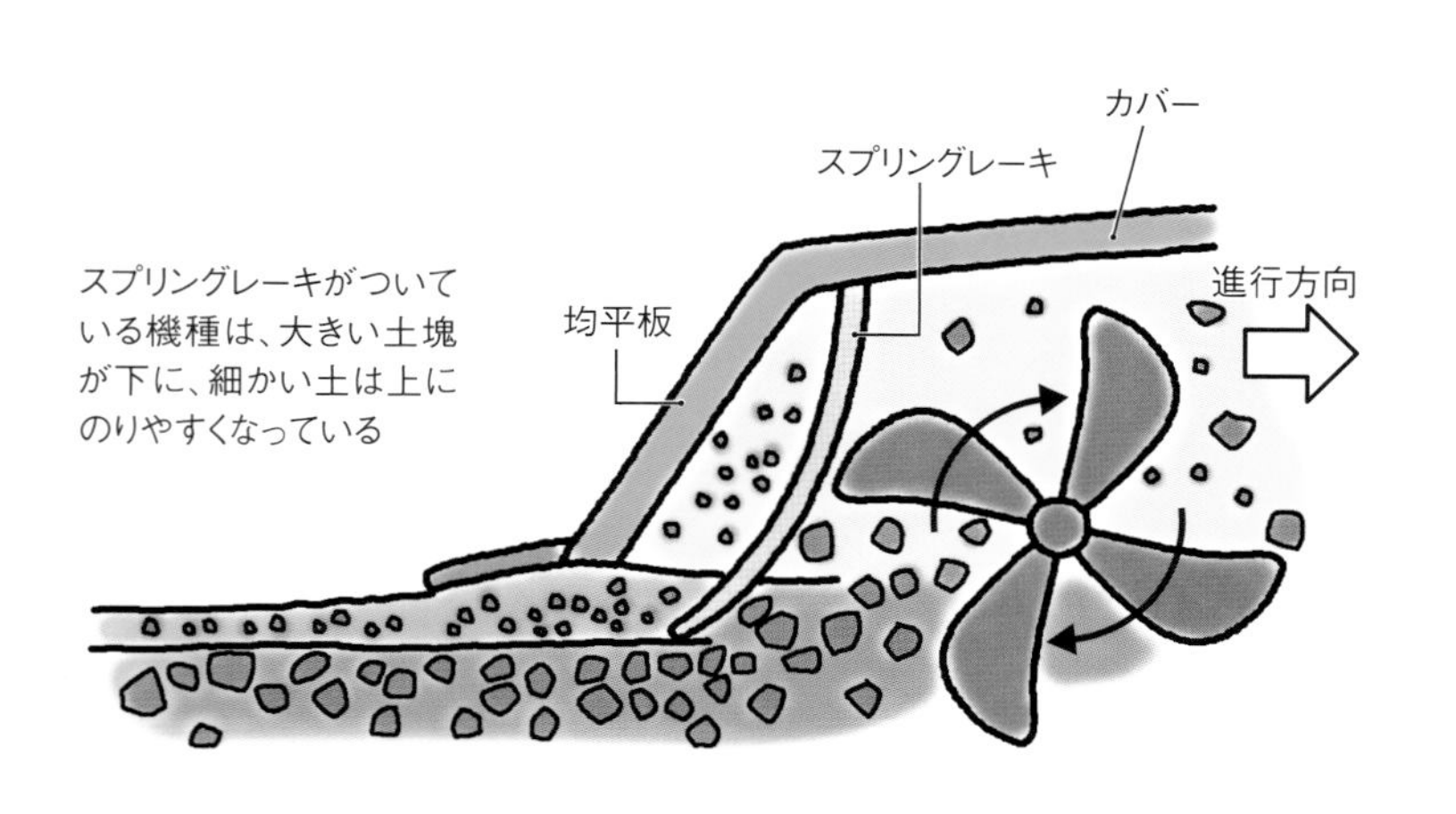

カバー
スプリングレーキ
均平板
進行方向
スプリングレーキがついている機種は、大きい土塊が下に、細かい土は上にのりやすくなっている

ハロー、ハワユー？
ミーが得意な代かきを解説するよ

ドライブハロー
愛称：ドラハロ
左右に開く長いウイングが自慢

ドライブハローとロータリの違いは？

見た目は似ているけれど、役割ははっきり分かれている。ロータリで粗く耕起した土を細かく砕くのが、ハローの役割。

ドライブハロー

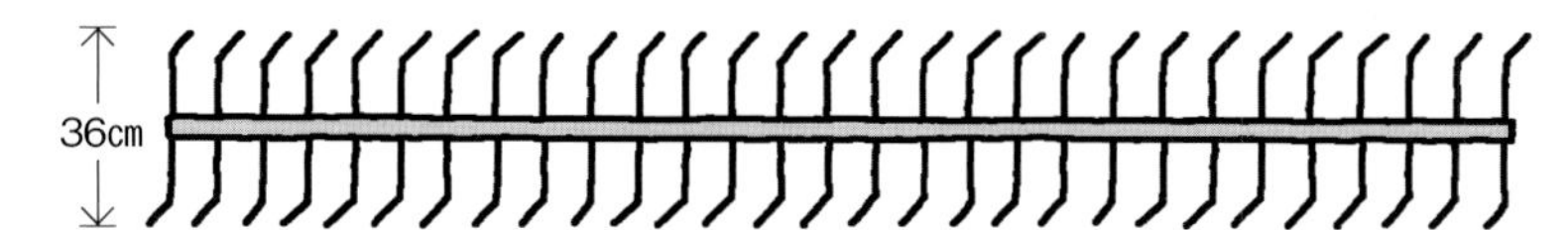

260回転/分（PTO回転数540のとき）
220cm幅で58本ほどの爪（同じ作業幅のロータリの約1.2倍）

ロータリに比べて爪が短く「ひねり」も緩やかだから、土の抵抗が少ない。その分、作業幅は長いんだよね

ロータリ

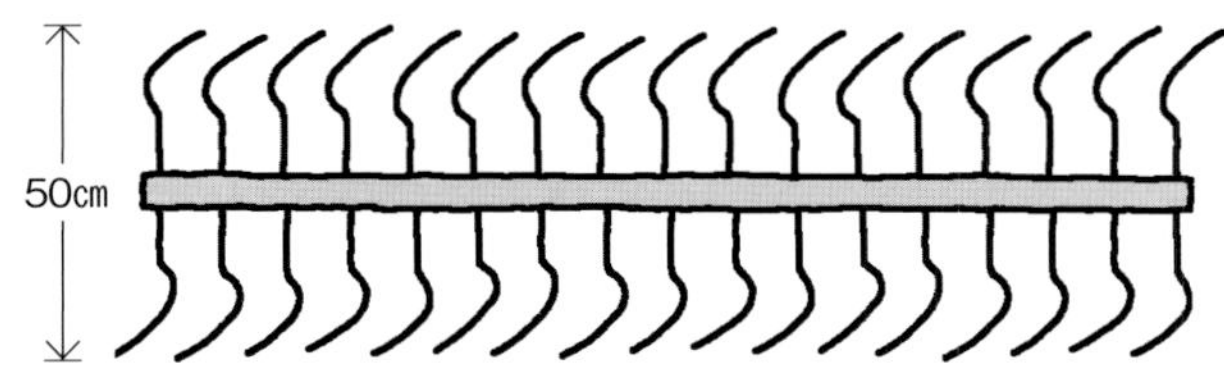

160回転/分（PTO回転数540のとき）
170cm幅で35本ほどの爪

硬い土の耕起もできるし
砕土もできる万能選手さ

作業幅はともに30馬力のトラクタに合わせたものを想定

③ 堆肥や肥料の混和

荒起こしでもざっくりと混ぜ合わせるけど、ミーが代かきでもっと細かく混ぜてあげるんだよ

④ ワラや残渣のすき込み

うまくすき込めば、田んぼの地力になって後半じわじわ効いてくる。でも、下手をするとゴミをいっぱい浮かせちゃうことに…（8ページ）

⑤ 雑草防除

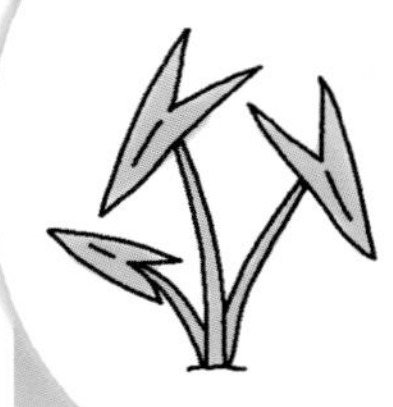

雑草もすき込んじゃうよ。1回目の代かきでいったん発芽させといて、2回目の代かきで練り込む（または浮かせる）ワザもあるんだ（54ページ）

代かきすると どうして土がトロッとなるの？

● 深水でかくと……

水が多くてビシャビシャ

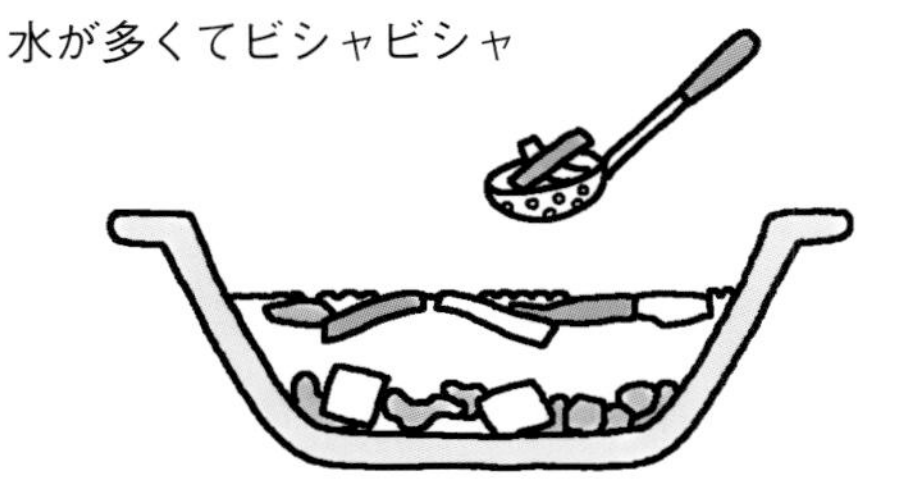

お鍋のアクのような泡とともに軽い具（ワラ）が浮く。何度もかいたり、かき残したりで、かきムラが出てしまう

● 浅水でかくと……

ちょうどいい水加減

土が天ぷらの衣みたいなトロッとした状態になって、ワラや残渣にほどよく絡む（16ページ）

＊2019年5月号「そもそも代かきってなに？」

水を入れすぎてないか？

アゼの上にかき上げたイナワラ。ワラのかき出しには毎年何時間もかかる（すべて依田賢吾撮影）

若林英司さん（79歳）。約35aでイネを栽培。都市近郊のこの地域では珍しく、苗から自分でつくる

浮きワラをなんとかしたい！

稲作60年のベテランが浅水代かきに初挑戦

神奈川県座間市・若林英司（ふさじ）さん

「浅水代かきで、ワラも残渣もきれいに練り込む」という特集を組んだ『現代農業』２０１８年５月号。その編集が終わって間もない頃、編集部に１通のＦＡＸが届いた。

「毎年５月に代かきをするのですが、前の年に収穫したイネのワラが浮いてしまいます。浮いたワラは水面を漂って、南風が吹くと北側に、北風だと南側に寄ってしまって大変です。ワラが浮かないような代かきの方法を教えてください」

相談の主は、神奈川県座間市に住む稲作歴60年以上のベテラン農家、若林英司さん。さっそく電話をしてみると、ワラが浮かない浅水代かきには若林さんも興味津々の模様。代かきシーズン真っ盛りの座間市へと伺った。

いつもより少し浅水で代かき

若林さんの代かき設定

エンジン回転数 2200
車速：主変速 2（1～4中）
PTO：2（1～3中）
耕深：3（1～3で一番深い）

トラクタ：
SIAL HUNTER（イセキ、22馬力）
ドライブハロー：
HIS-1810B（ニプロ、作業幅 1.81m）

「いつもより水は浅くした」という田んぼで荒代かきスタート。水深は田面がわずかに見える程度。土質は砂利混じりの粘土質で、雑草対策のため秋1回、春3回耕した状態。代かき作業は、ワラを確実にすき込みたいので、PTO、車速とも少し遅めに設定している

● 若林さんのコース取り ●

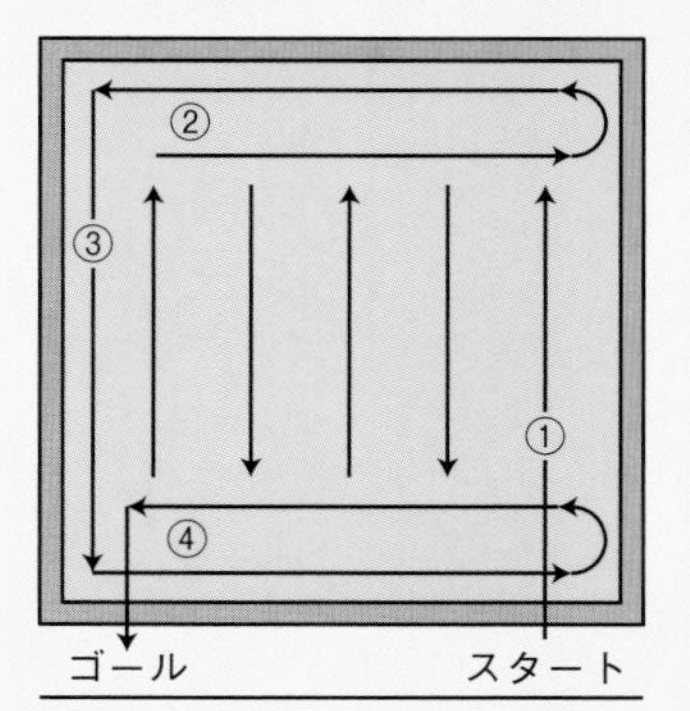

①図右端からの隣接耕
②左端の1列を残し、上の枕地を内側→外側の順でかく
③残した左側の1列をかく
④下側の枕地を外側→内側の順でかき、終了

田んぼはコンクリート畦畔越しに公道から進入可能。一番外周の畦畔沿いは、チェーンケースのついていない右側でかく

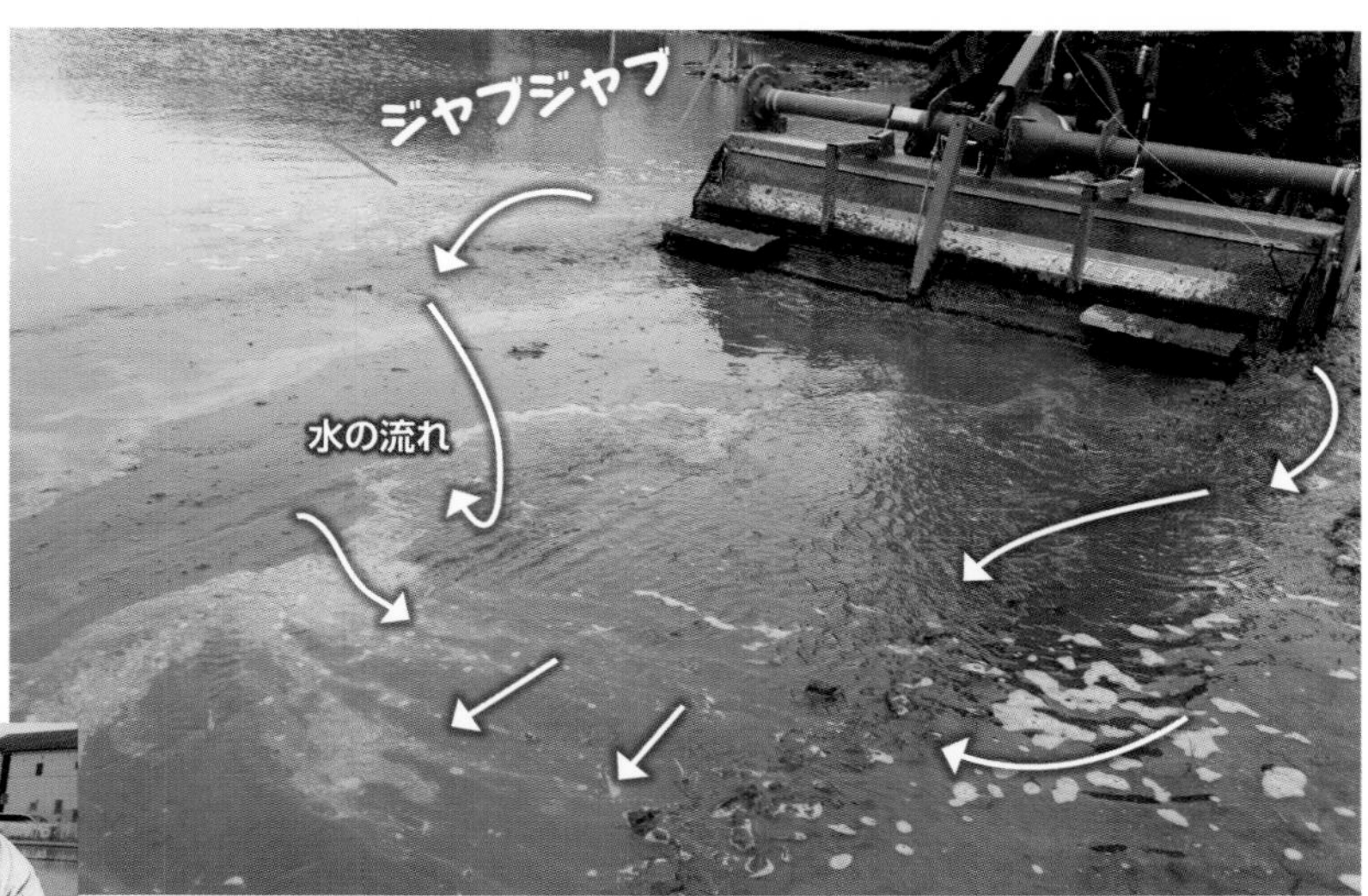

ジャブジャブとかき混ぜられた水が、ハローの脇から逃げていく。ハローが通り過ぎると、その跡を埋めるようにまた水が流れ込んでくる

荒代かきに続けて植え代かきした後、しばらくすると浮きワラやゴミがだんだん田んぼの隅に寄ってきた

――いい天気で、絶好の代かき日和ですね。それにしても風が強い。

若林さん（以下、若）：5月の強風は座間の風物詩で、昔は凧揚げ大会なんかもあったんだけど、これが浮きワラを寄せちゃう厄介者なの。田植えの日の朝には、1tトラック1台分くらい寄っちゃう。私が一人でかき出すんだけど、これがもう大変で大変で。昔からワラは浮くのが当たり前だったから、ずっと疑問に思わなかったんだけど、最近おたくの本を読んで、どうも浮きすぎてるなと気が付いたの。

――深水で代かきするとワラが浮きやすいようですが、若林さんの場合、水の深さはどうですか。

若：いや、じつは私も浅水でやってるつもりだし、近所と比べても少ないほうだよ。だけどおたくに言われたから、今日はもっと浅めにしてみた。ほら。

用意してくれた田んぼを見てみると、けっこうな水位。4回の耕起で土も細かくなっているため、代かき後のようにも見える。

実際に代かきしてみると……浮いたワラが、だんだん田んぼの隅に寄ってきた。

もっともっと浅水に挑戦

薄井勝利さんの「完全落水代かき」。超浅水で、ハローをかけると初めて水が見えてくる

10年間ずっと、植え代かきの設定で使ってた!

レバーは2カ所についており、手動で動かす

均平板で地面を押さえる強さを変えるレバー。荒代かき設定では強く押さえ、仕上げ代かき（植え代かき）設定では弱く押さえる

—— やっぱり、ちょっと浮いちゃいましたね。

若：でも、だいぶ少ないよ。いつもは運転席から横に逃げていくワラが見えるもん。水がいつもより浅いおかげかなぁ。浅水代かきって、なかなかいいね。

—— よかった。でも、まだまだ浅くできるかもしれませんよ。ほら、こんなに水を落として代かきしている人もいますし。

２０１８年５月号の「完全落水代かき」（本書20ページにも掲載）を見てもらった。

若：えぇー!? この写真、嘘だよ。水が全然見えないじゃない。こんなんじゃ、ガサガサのところばっかりで、土がこないよ。えぇー!?

—— 土塊がちゃんと水を含んでいれば、これくらいでも問題なくかけるそうですよ。イナワラもぜんぜん浮いてこないみたいですし。

若：うーん。本当かなぁ。でも、せっかくだからやってみようかな。うまくいかなければやり直そう。ワラのかき出しに比べれば、やり直しのほうがマシだしね。ほら、ここの田んぼなんか、ヒタヒタに近い浅水じゃないかなぁ？　いつもは、もう少し水を足してから代かきするんだけど、今日はこのままかいちゃおうかな。

ハローが通ると均平板のレーキ跡が一瞬見え、浮きワラはなし。水深と均平板の強さを見直したおかげで、しっかり地面を押さえられている

ヒタヒタの浅水での荒代かきに挑戦。 ハローをかけた跡がよく見えて、隣接耕もやりやすい

浅水なので、盛り上がった四隅が水面から出てしまった。秋〜春の4回の耕起の間にどうしても高くなる

植え代かきの前に、しっかり水に浸かるようレーキで四隅を均した

――四隅が水の上に出ちゃってますね。

若：田んぼが凸凹だから、あちこちに島ができちゃうの。これはしょうがないよ。まぁ、植え代かきの時に水を足して、しっかりかき直せば何とかなるんじゃないかな。

それと、今日のためにハローを点検していて、初めて気が付いたんだけど……こんなレバーがついてたの。

――なになに？「荒代かき／仕上げ代かき」。**均平板で土を押さえる強さを変えるものですね。仕上げ代かき（植え代かき）にセットしてありますが……。**

若：長年ロータリで代かきしていたから、ハローはよくわからなくって、購入したときの設定そのままで使っていたの。だから、ずっと植え代かき設定で荒代をかいてたわけ。もしかすると、これもワラを押さえ込めなかった原因かもしれないと思って。

――なるほど。**荒代かき設定にしたほうが、均平板が土を強く押さえるようですね。ワラもすき込みやすくなりそう。**じゃあ、浅水代かきと合わせてやってみましょう。

大きめの田んぼでも浅水代かきに挑戦

一番大きな田んぼ（10ａ以上）で浅水代かきをしようとヒタヒタ水に調整。手前は低いので水没したが、奥は田面が完全に露出して島のように見える

代かき前の田面を踏んでみると、奥の島になった部分は水が浸透しておらず、浸み出してこなかった

代かきしてみると、十分に代をかけず、Ｕターン時には土を盛り上げてしまった

――お疲れ様です。浅水代かき、どうでした？

若：こんなにキレイなレーキの跡は初めて見た。ここまで浮きワラが少なくなるなんてビックリだよ。でも、やっぱり凸凹は気になったね。植え代かきで何度もかき直して、時間はかかっちゃった。

――ところで、これまで水の深さを変えてみようと考えたことはなかったですか？

若：うん。深すぎるなんて、思ったことがなかったから。今思えば、田んぼを手伝い始めた頃から水は深かったんだなぁ。最初は私が牛の鼻をとって、親父が馬鍬を支えて代をかいて。そのうち耕耘機になったけど、やっぱり水がないと全然土がこなれなかったから、今よりも、もっと深くしていたの。親父にも、ちゃんと水を入れろって教えられた。それが頭にあったから、その後ロータリに変わって、次にハローになっても、必要以上に水を入れちゃってたのかもしれない。近所では今もロータリでかいている人が多くて、その人たちはもっと深水でやっているしね。

――来年からはどうしますか？　浅水でやりますか？

若：うーん、できれば浅くやりたいけど、大きな島ができないように、まずは均平をとらないと。

島になった部分よりもやや手前、踏むと水が地表付近まで湧き出てきた部分は、レーキ跡がキレイにつく見事な代かきに。ワラもまったく見えない

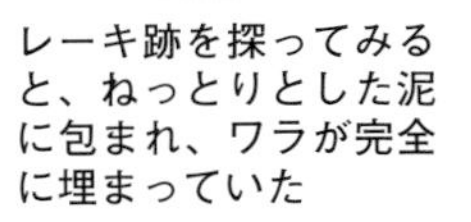

レーキ跡を探ってみると、ねっとりとした泥に包まれ、ワラが完全に埋まっていた

そういえば、こないだ買った『トラクタ名人になる!』（農文協）に、田んぼの均平のとり方が出てたっけ。四隅を高くしない「3秒ルール」は参考にしたいと思ったね（37ページ）。すぐには変わらないかもしれないけど、ヒタヒタの浅水代かきができる田んぼを目指して、まずは耕耘の見直しからかな。

翌日、若林さんから編集部へ電話があった。「今、田植えが終わったけど、今年は浮きワラが全然なくて、かき出しがいらなかったよ。ラクしちゃった。来年もできる限り浅水でやってみるよ」編

＊2019年5月号「ワラが浮かない代かき法を教えてください」

均平とって浅水代かきすれば、浮きワラ対策はバッチリだね

土から水がドンドン浸み出てくる！

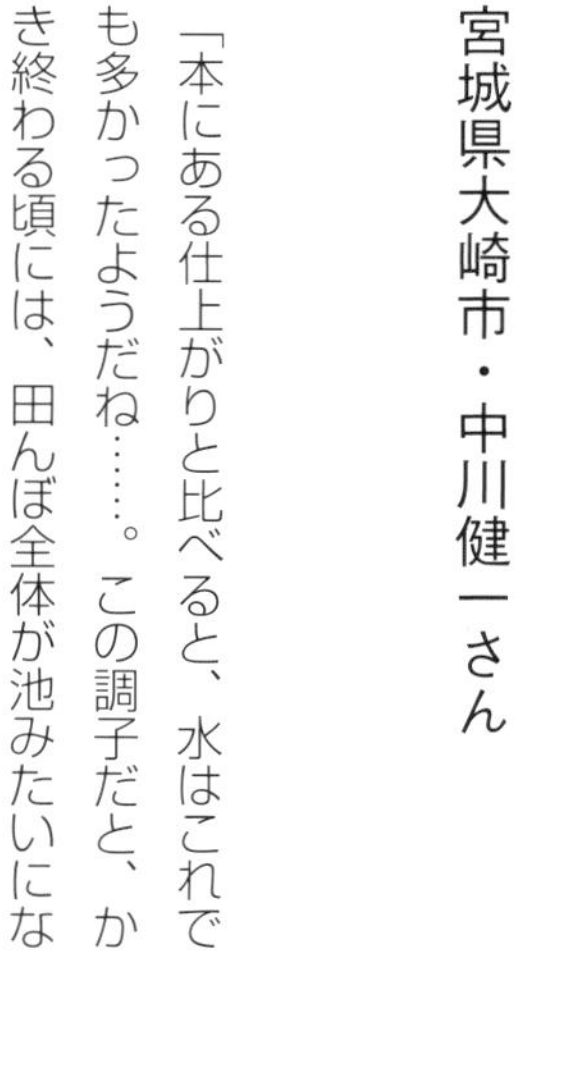

大ベテランも気付いた「これなら、もっと浅水でもいいねぇ」

宮城県大崎市・中川健一さん

DVDでもっとわかる

「本にある仕上がりと比べると、水はこれでも多かったようだね……。この調子だと、かき終わる頃には、田んぼ全体が池みたいになるんでない？」

トラクタを降りた中川健一さん（80歳）は、4分の1ほど代かきを終えた田んぼを眺めて青息吐息。それもそのはずだ。この日の代かきは、稲作歴65年の中川さんにとって、初めてチャレンジした「浅水代かき」。水はハローの通った跡だけに浅く浸み出てきて、ワラはしっかりとすき込まれる……はずが、実際はかいた傍から水がジャブジャブ。その水に浮かんだワラがハローの脇から逃げていき、目論見が大きく外れてしまったのだ。

事前にしっかり水を吸った土からはどんどん水が浸み出てくる

15歳の頃からイネを育てている中川さん。毎年春の悩みは、荒代かき後に強い西風で東側のアゼに寄ってしまうイナワラだった。

「そのままじゃ田植えができないから、寄ったワラをレーキやフォークを使って上げて、長いアゼの上を何度も一輪車で運んで、軽トラさ載っける。あんまりいい仕事ではねぇなぁ。でも、上げるのがやん（嫌）だってそのまま植え代をかくと、そこだけワラが多くすき込まれて、夏場にブクブクブクってガスがわく。イネが根傷みして、ヒョロッヒョロになるっちゃね」

そこに届いたのが、『現代農業』2019年5月号。特集の「浅水さっくりスピード代かき法」を読んで、自分の代かきが「深水」だったと初めて気が付き、「ワラが浮かない」という浅水にチャレンジしてみることに。

記事を読むと、浅水状態でしっかり代をかくためには、あらかじめ土に水を十分に含ませておかないとダメだという。これまで、荒代前日にジャブジャブ水を入れ始め、翌朝にすぐ代かきを始めていた中川さんだったが、今回は荒代の2日前に入水。その後じっくり自然落水させ、土に水を含ませた。当日朝に確認すると、「いつもより水がだいぶ少ない。土が7割くらい見えているねぇ。代かいた跡は水がもっと減るだろうから、最後は土しか見えなくなるんでない？」という水位だ。自信を持ってトラクタに乗った。

その結果は、冒頭にある通り。「土がすごくやっこい（軟らかい）ね。いつもは代をかくと土に水が吸われて、水かさが減るっちゃ。でも、今日は逆のようだね。十分に水を含ませてから代をかくなら、最初の水位をもっと落としたほうがいいようだねぇ」

もっと浅水にして再チャレンジ

自分の設定した「浅水」は、じつはまだまだ深かった……「思いと実態との差」を痛感した中川さん。しかし、このままでは終われない。この日は4枚の田んぼを準備していたが、残った3枚の田んぼを急遽強制落水し、翌日再チャレンジすることに。

さて、翌朝田んぼに行くと、水がほとんど見えない状態になっていた。中川さんは「こんなに土ばかり見えていたら、普通は代をか

中川健一さん。三度の飯より稲作が好きで、薄播きやプール育苗、疎植、鶏糞稲作など、地域では珍しい技術にもどんどん挑戦中（倉持正実撮影、以下Kも）

1日目
(2019年4月27日)

中川さんなりの「土が7割見える浅水」。例年だと土が見えないので、それよりはだいぶ浅い。春までに3回耕耘（耕深は最大で15cm）しているため、草は見えない（K）

いざ荒代かきを始めると、土に含まれていた水が一気に出てきた。エンジン1600回転、PTO540回転で耕深14cm、車速は時速3kmの設定（K）

荒代かき翌日、高低直しのために水を溜めたら、いつもよりは少ないものの、東のアゼにワラが寄った。この後、高低直し → 中代かき（轍消し）→ 植え代かきと作業を進める

2日目
(2019年4月28日)

強制排水後、ほとんど水が見えない圃場で荒代かき。ハローの脇から水やワラが逃げず、しっかりすき込めた。この圃場では、ワラのかき出しもいらず、生育中のガスわきもなかった

こうと思わないっちゃ」と言いつつ、こわごわトラクタを走らせ始める。すると、どうだろう。昨日と違ってハローの横まで漏れ出すような水はなく、走行したルートにだけ帯のように浅く水が残る。浮いてくるワラも、前日よりめっきり少なくなった。

　中川さん、よほどうれしかったのだろう。代かきの途中に、アゼ際でトラクタのドアを開けて「昨日と全然違う。これならOKだねぇ」とニッコリ。「いいねぇ、浅水代かき」

編

筆者の浅水代かきの様子
(写真はことわりのない限り小倉隆人撮影)

浅水代かきで裏作ナバナも練り込み、鏡のような田んぼ

徳島・**中田和也**

裏作のナバナのすき込み。かなりの残渣量だが、田植え20日前のすき込みでも浅水代かきで問題なく埋め込んで田植えができる。すき込みを遅くできる分、ナバナの緑肥としての肥効が6月中旬以降に出て、ちょうどいい「への字稲作」ができる（筆者提供）

筆者。イネ2.2haとオクラなどの野菜をつくる。ナバナはイネの裏作

40年ほど前に父親が倒れ、稲作を始めました。今日までの間感じてきたのは、田植え前の代かきがかなり重要な作業だということです。

代かきの目的としては、田んぼの水持ちをよくすることのほか、地表面の均平をとる、雑草を埋め込む、などが挙げられます。これらすべてをクリアできるのが浅水代かき。私は10年ほど前からやっています。

浮きワラも凸凹もひどかった

以前の深水代かきでは、田面の高低差が大きく、田植え後は水没苗が気になり、どうしても水を深く張ることができませんでした。すると今度は除草剤の効きが悪く、何度も雑草だらけにしてしまいました。

浮きワラもひどく、風に吹き寄せられて苗に被ってしまい、撤去するのに苦労していました。雑草も、練り込めなかったものが田植え後根を下ろし、醜い状態でした。

これらが、代かきの方法を変えただけで、すべて解決できたんです。

まず、極浅水にすると、高低差がはっきりわかるので直しやすい。加えて、水っぽすぎず硬すぎない「天ぷらの衣液」状態の土となり、ワラや雑草の残渣もその中に練り込めます。浮きワラも雑草も皆無です。

私が実践している「への字稲作」では、疎植が基本です。田んぼが平らでないと正

浅水と深水で比べてみると…

中田さんに、いつもの浅水代かきのほかに、深水でも代かきしてもらった。両方の代かき前の水位はこんな感じ。

浅水

ほとんど水が見えない状態だが、踏み込むと水が一気に浸み出す。土質は粘土と砂の中間で、水の浸透性はちょうどいい

深水

田んぼ全面が水没

●筆者のコース取り●
（荒代かき・植え代かきとも）

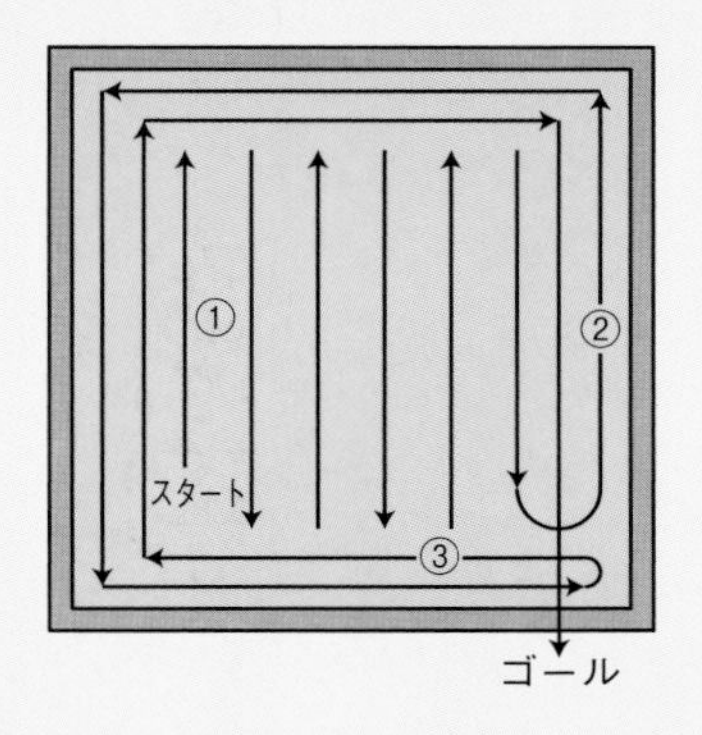

①外周2周分をあけて隣接耕
②周回耕（外側）
③周回耕（内側）

筆者は荒代かき→高低直し→植え代かきの順に、基本的に全工程を1日で行なう。これなら植え代かき時に改めて水位を調節せずにすむ

確な田植えができず、水の深い所で浮き苗や転び苗などが出た際に、欠株だらけになって減収します。極浅水代かきに変えてからは、思い通りの田植えができるようになりました。

前日に入水して土に水を含ませる

わが家では荒代、高低直し、本代（植え代）の3工程を1日でやってしまいます。

荒代の前日には必ず水を入れておきます。当日に水を入れると、土にしっかり水が浸み込みません。逆に何日も前から水を入れると、代かき前は水持ちが悪いので毎日水を足さないといけません。前日に入れるのが一番手間がかからないのです。

このときは田面が全部隠れるくらいの水を入れ、隅々まで土に水を含ませておきます。そして代かき当日には水がほとんど見えない状態まで減るのがベストです。水持ちが悪い田んぼは、入れるべき水の量がつかみにくい場合があるので、数日前に一度水を入れてみて、減水深を知っておくといいと思います。

代かきを始めると土が沈下し、含まれた水が上がってきて、ちょうどよい天ぷらの衣液状態になります。水が浸み込んでいない所は、ガサガサと硬くてかき回せません。その場合、トラクタのタイヤ跡で他の場所から水を引き、しばらく待ってから代

深水で代かきしてみた

代かき設定（荒代かき・植え代かきとも同じ）

トラクタ：25馬力
ハロー：作業幅2.4m
エンジン回転数：2300
車速：主変速2〜3（1〜4中）
PTO：2（1〜4中）　耕深：中程度

PTOの回転数は最高で700回転まで上げる。耕深は雑草が多いところは深くし、植え代かきでは細かく操作し、凸凹を補正する

これじゃあ、
田面が全然見えへんなぁ
高低直しは諦めんと
いかんね

深水で荒代かき。地面が見えないので、通ったところが濁るのを目安に走った。植え代かきでは全体が濁っており、コース取りがさらに難しい

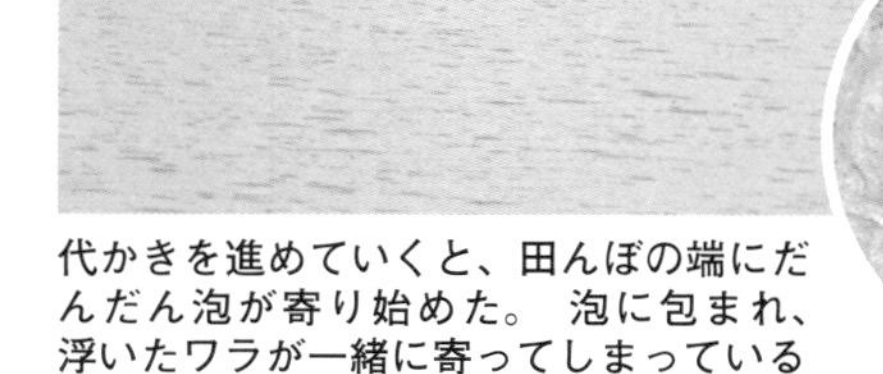

代かきを進めていくと、田んぼの端にだんだん泡が寄り始めた。泡に包まれ、浮いたワラが一緒に寄ってしまっている

裏作のナバナの後でも深水代かきしてみた。ハローの脇に波が立ち、ワラやナバナの残渣がどんどん逃げていってしまう

田植えの日、深水代かきしたナバナの田んぼには、大量の残渣が…。田植え機の枕地均し用ローターで、植えずに走りながらすき込み、なんとか田植えした（筆者提供）

かきを始めるとうまくいきます。

荒代を仕上げたら、高低直し（左ページ）。土が軟らかすぎるとハローの脇から逃げてしまい、うまく移動させられません。荒代でかき混ぜすぎず、さっとかいておくのがコツです。

秋〜春の耕起回数も減る

私の地域では、多くの農家がイネ刈りから代かきまでに5〜6回耕耘します。代かきの時にワラや雑草が浮き上がってくることを心配しているようで、何度も何度も耕しています。

代かきで残渣の浮きを抑えられるとなれば、それまでの耕耘回数をもっと少なくできます。実際、わが家は代かきまでの耕起は3回で済んでいます。

ジャンボタニシ除草にも大成功

田植えをすると、苗の水没がほとんどないことで、鏡のような仕上がりを実感することができます。均平がうまくとれるようになったので、昨年はジャンボタニシのいる田んぼで除草剤を使うのをやめ、「ジャンボタニシ除草」を試してみました。

近所には、水の深い所の苗をジャンボタニシに食われ、ひどく哀れな姿になった田んぼもあります。わが家は田植えから20日間ほど浅水にしただけで、あとは普通に水

ハローの逆転で高低直し

浅水での荒代かき後にする高低直しでは、土引きレバー（均平板を垂直に立てて固定）を使わない。浅水だと土を深く削りすぎ、長い距離を運びにくいからだ（上）。均平板を立てずに、ハローをゆっくり逆転させて土を前方に飛ばしながら運ぶ（下）。エンジンの回転数を落とし、トラクタは高速設定、運ぶ土の量は耕深ダイヤルで調整する。ただし、ハローの逆転は故障につながるとして推奨されていないので注意。

浅水で代かき

ハローの通った跡は水が上がって、まるで鏡のよう。残渣も練りこまれてほとんど見られない

ナバナの田んぼでも、浅水代かきならご覧の通り。太くて長い残渣も、天ぷらの衣のような粘り気のある泥に包まれて練り込まれ、荒代かきだけでほとんど見えなくなった

を入れていましたが、苗を食われることはありませんでした。雑草だけを食べてくれて、除草剤使用の田んぼよりもきれいになりました。

今年からは、ジャンボタニシのいる田んぼはすべて無除草剤で育て、いずれは無農薬無化学肥料の有機栽培に発展させていこうと考えています。

裏作のナバナもすき込んで肥料に

私は水田の裏作でJA出荷用のナバナを毎年つくっています。春には60〜70㎝とかなり大きくなるナバナ。これをそのまま田植え20日前にうない込み、2週間後にもう一度耕耘しただけで代かきをしています。それでも、大きな根っこがところどころ飛び出るくらいで、ほとんどの残渣は土に練り込むことができています。

ナバナ栽培後の田んぼは、無肥料で10a600kgの収量が上がります。循環型農業として、ナバナの面積をもっと拡大していきたいと考えています。

夢はますます広がってきていますが、極浅水代かきのおかげで、現実のものとして実践していけそうです。

（徳島県阿南市）

＊2018年5月号「極浅水代かき＆高低直しで鏡のような田んぼ」／2019年5月号「水加減は天ぷらの衣がちょうどいい」

春に１回耕耘した田んぼに水をたっぷり入れ、完全に落水してから代かき。ドライブハローは深く入れず、レーキ（均平板）をなるべく鋭角にしてワラの刺さりをよくする（依田賢吾撮影、以下も）

漏水を防ぎつつ、縦浸透もさせる

代かきの目的は、漏水を防止し、地温を守り、雑草を抑制し、田面の均平をとることです。また、酸化土壌をイネの根が好む安定的な還元土壌にし、活着を良好にするねらいもあります。

しかし、一般的な深水代かきでは、浮きワラを抑えようとして代かきの回数が多くなり、土が細かく練られて羊羹状になります。すると、日中に温められた水が縦浸透せずに、地温が上がらず、活着も遅れます。水が多い状態でかき混ぜるので、ワラもしっかり埋め込めず、結局はワラ上げ作業に大変な労力を割かれます。

20年ほど前に無代かきの技術を導入しました。地温が高まり活着良好、イネの生育もすばらしかったのですが、数年経つと縦浸透が激しくなり、生育中期に最高30㎝の深水を保つ「疎植水中栽培」が困難になってきました。

そこで、一般的な代かきと無代かきのよさを同時に実現するため、「完全落水」代かきを始めました。漏水は防ぎつつ、ある程度の縦浸透も確保する代かき法です。

浅水さっくりで根張りよし

「完全落水」代かき

福島・**薄井勝利**

土を踏んでみると、たっぷり水を含んでいることがわかる

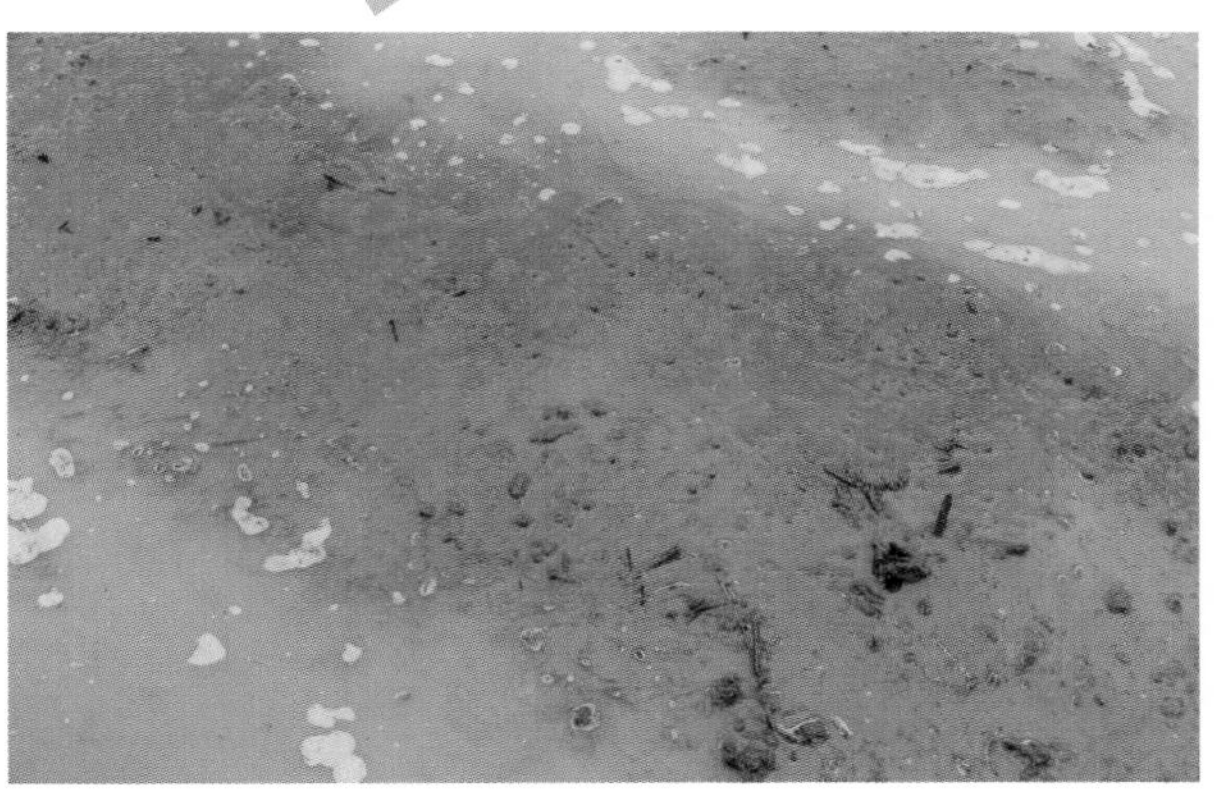

ワラもしっかり埋め込まれている

●代かきの作業工程●

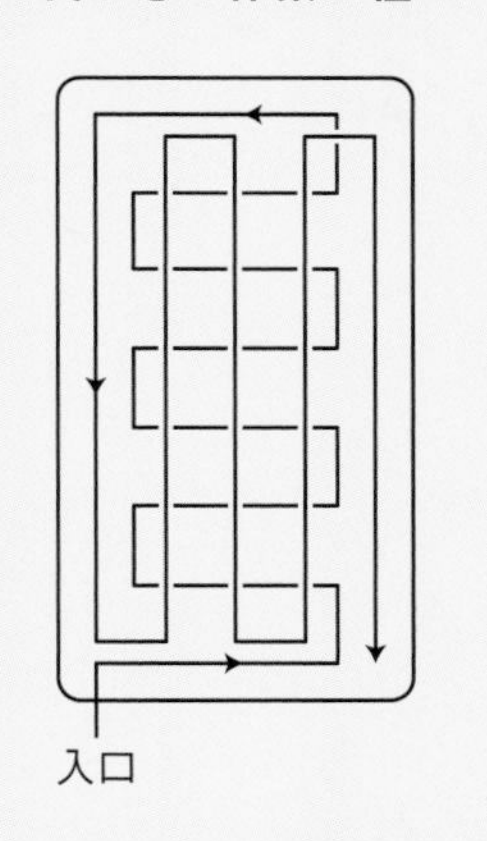

外周を回ったあと横に1回、縦に1回走行して終了

田植え前の深水で地温アップ

まず、代かき7～10日前に入水し、水深を10㎝ほどに保ちます。地下水に到達するまで水をたっぷりと供給して、縦浸透を防ぐ作戦です。

代かき直前になったら、完全に水が見えなくなるまで落水し、ドライブハローで横方向に1回、縦方向に1回走行します（図）。完全落水したといっても土はたっぷりと水を含んでおり、トラクタが通った後にはうっすらと水が見える状態になります。ドライブハローは深く入れず、なるべく表層は泥状に、地中は土塊が残るような状態をめざします。これで浮きワラもほとんど出ません。

また、漏水の70％は畦畔からといわれます。代かき後にはアゼマルチをして漏水を防止し、再び10㎝の水位を1週間保つことで、水温と地温の上昇に努めます（田植え時に、田植え可能な水位まで落水）。こうして十分な地温と安定した還元土壌をつくることで、田植え翌日の活着が実現するのです。

（福島県須賀川市）

＊2018年5月号「完全落水代かき」

浅水代かきの実践。水が見えない状態での代かきに、初めて見る人は驚愕

鳥取で広がる浅水代かき

濁水流出防止にも効果的

三谷誠次郎

環境保全型農業が広まる中、水質浄化を目的として、田植え前の代かき水をごくごく少なくすることで、富栄養化した濁水が流出することを防ぐ「浅水代かき」に取り組んできました。

浅水代かきは、作業性の面からも深水代かきに比べて利点が多く、河川や湖沼周辺でなくても広く取り組んでいただきたい基本技術です。

土壌表面が見えて均平がとりやすい

浅水代かきは、水深をできるだけ浅くして行ないます。これにより、代かき後の不要な落水や、代かき時に発生する波で田面水がオーバーフローするのを防げます。

また深水での代かきは、すでに作業した位置が判別しづらく、作業の重複が多くなったり、未作業の部分が残ったりしてしまいますが、浅水なら土壌表面がよく見えます。田面の凹凸がわかりやすいので均平作業の助けとなり、補助者による四隅のトンボがけも、代かきと同時進行できます。

浅水代かきによりイナワラなどを確実にすき込むことで、漂流による圃場内でのワラの溜まり（吹き寄せ）や、圃場外へのワラ流出も防げます。

目安は「土8割、水2割」

鳥取県では、代かきは1回で済ませるケースが一般的です。浅水代かきの具体的なポイントを以下に記します。

◆入水時期

入水してすぐは、土への浸透が不十分な箇所があり、浅水代かきができません。代かき当日までに早めに入水しておくのがよいでしょう。

◆水位の目安

土（瀬）が8割、水が2割見える状態が目安です。代かき作業時にトラクタが通過して、初めて田面を水が覆うくらいが浅水代かきのほどよい水量です。もし代かき時に水が足りないと感じたとしても、前日の入水で土に水が浸透していれば、随時足しながら作業できます。

◆作業工程

作業は1ウネおき耕の要領で進めていくことをおすすめします（図）。長辺方向での隣接往復作業だと、水で土表面が一気に見えなくなってしまいますが、1ウネおき耕なら1列ごとに土表面が残ります。横方向の運土を行なうときの目安にもなりますし、余裕を持ったターンができるので、轍も残りません。

アゼの徹底管理で漏水させない

現場では、深水での代かきがまだまだ多く見受けられます。漏水などによる田植えまでの減水を見越してのことでしょう。漏水対策をしっかり行なうことが、浅水代かきを行なうための前提となります。

圃場からの漏水の大半は、畦畔付近からです。以下のような対策が効果的です。

◆アゼの管理

アゼ塗りやアゼシートの設置等により漏水を防止します。また、アゼの低い部分がないよう手当てします。

◆アゼ際の踏圧・代かき

アゼの下から水が抜けるのを防ぐため、アゼ塗りに加えてアゼ際の踏圧を行ないます。作業機を上げたトラクタで、アゼ際を、できれば右回りと左回りに2回走行し

1ウネおき耕の要領での代かき

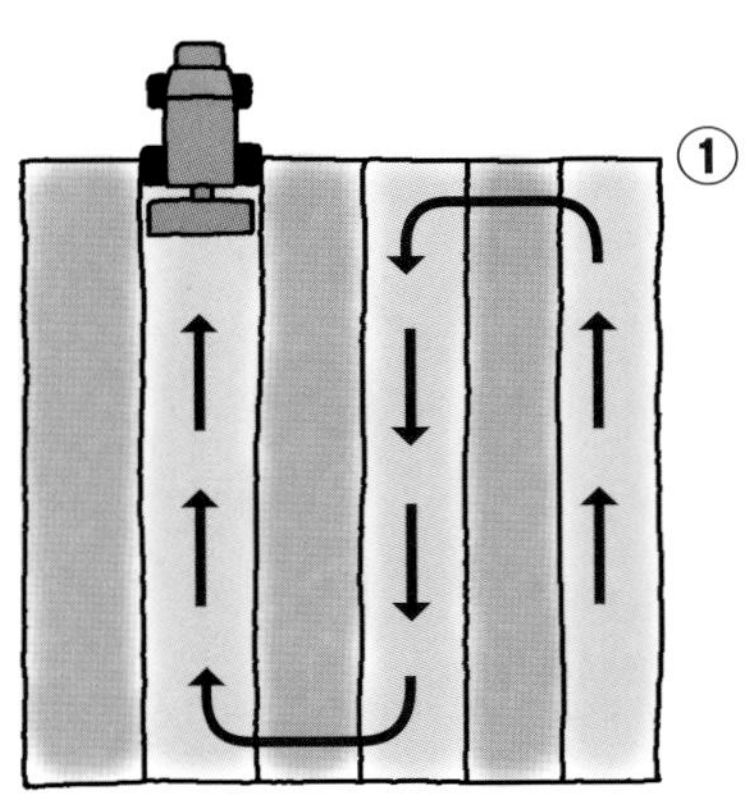

1列おきに代かき。代かきした場所は土中の水分が浮き上がる

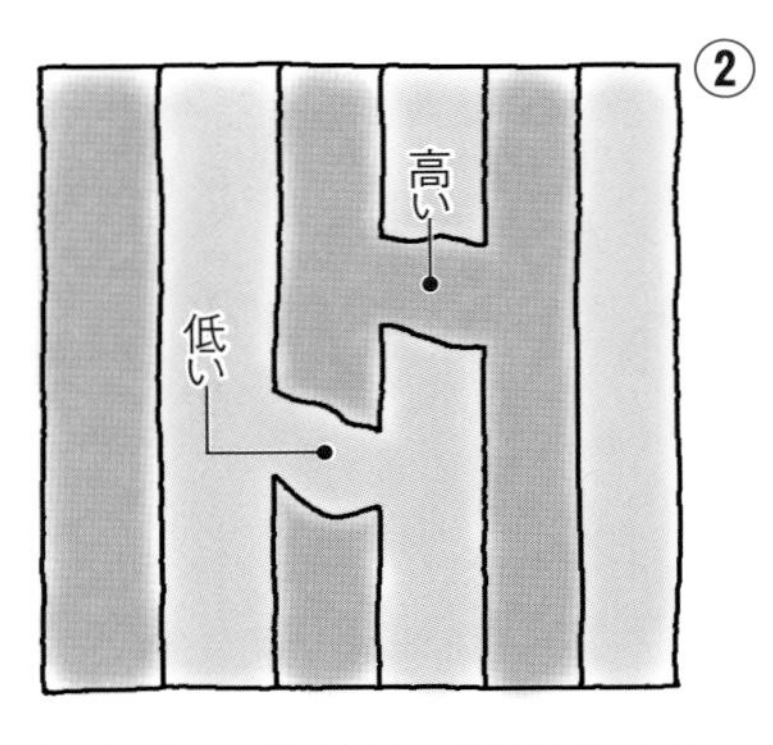

水の移動で、地表面の高低差がわかる

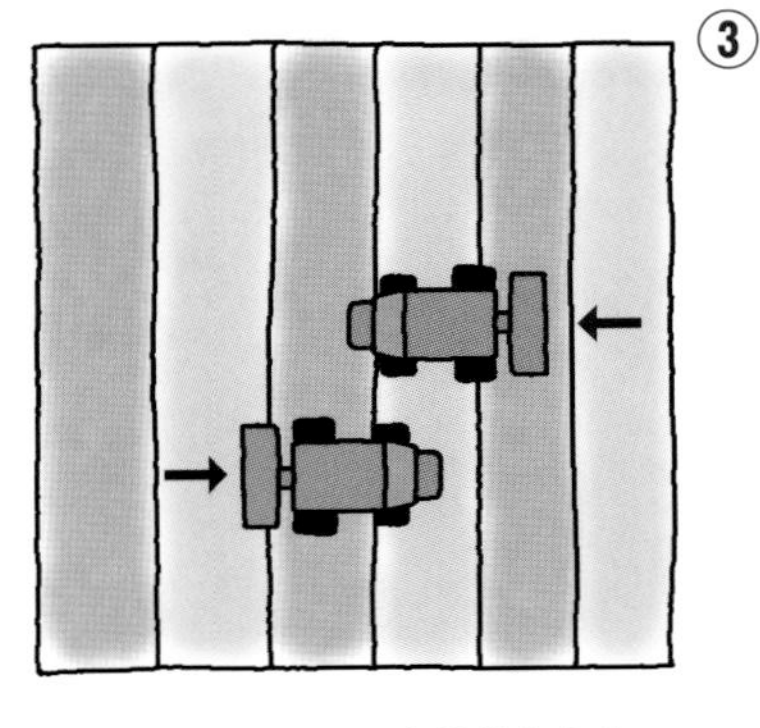

横方向に土を運んで高低差を直す

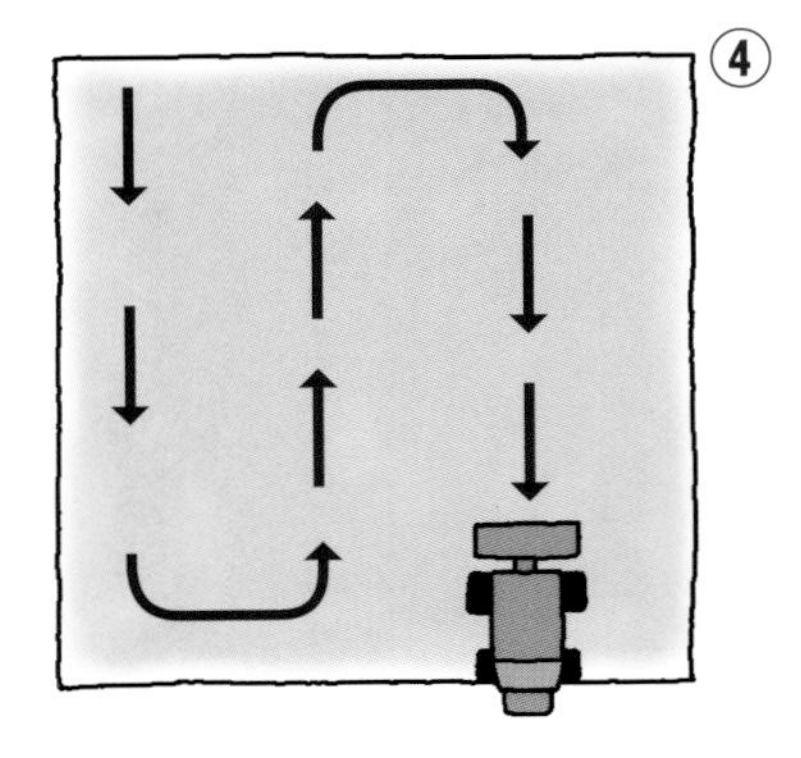

残っていた列を代かきする。未作業の列が一目瞭然なので、ハローのかけ忘れもない

代かき前のアゼ際の踏圧。作業機を上げて走行し、土壌を締める

アゼ塗りを入念に行なう

ます。入水後、代かき前の踏圧が最も効果的です。代かきの際にも、圃場の外周を入念にかくようにします。

肥料・除草剤も漏らさない

田植えまでの水管理は、圃場の減水量を勘案しながら、必要最小限の入水にとどめます。

田植え前の圃場水は濁り、肥料成分を多く含んでいます。環境保全のためにも、肥料を無駄にしないためにも、落水しない意識が大切です。漏水を防ぎ、除草剤散布後の止水期間を長く保つことができれば（約1週間）、除草剤の効果も高まります。

何より、「漏水対策」と「浅水代かき」の両者を実践し、少ない水量で田植え準備が可能となれば、渇水時にも近隣とのトラブルが少なくなるでしょう。

地域に広がる浅水の意識

浅水代かきの推進のため、普及所と農協とが協力し、2012年から15年にかけて鳥取県内各地で実演会を行ないました。参加者の多くが、見た目の水の少なさと美しい仕上がりに驚きの声をあげました。まさに「百聞は一見にしかず」「目からウロコ」の実演となりました。その後、実践者らによる自主的な普及活動により、地域全体での取り組みへと広がりました。

代かきシーズンには農協による水使用量のパトロールも行なわれるようになりました。代かきの水深は、周囲の農家にも一目瞭然。取り組みの実績が見える技術のため、実践農家は自信が持てますし、下流の農家は水の不足や汚濁で悩むことが少なくなりました。

以前は、代かきの受託作業を深水で行ない、細かい均平作業を行なわずに田面を水で隠すケースもあったようです。浅水代かきへの意識が広がるとともに、そうしたトラブルも減りました。

もちろん環境保全への効果も大きく、湖山池をはじめとする県内の池、そして田んぼ下流のため池などのアオコ発生が見られなくなりました。　**（倉吉農業改良普及所）**

＊2018年5月号「濁水流出防止にも効果的」

長いワラ＋二山盛り＋浅水代かきでムギ跡もきれい

佐賀・鈴山隆広

佐賀県の鹿島市で、米やムギ、野菜を栽培しています。20年以上前から浅水代かきを実践してきました。

深水で代かきした場合、水が濁りやすく、田面の高低差や代かきした跡がわかりません。またムギ跡の田んぼでは、ムギワラがハローの中に入らず、横に逃げていきます。うまく代かきできないと、その後の作業も大変で、やる気がそがれることもありました。

ムギワラは20㎝に裁断

耕起をアップカットロータリの二山盛りにすれば、代かきの際の水加減がさらにわかりやすくなります。また前に土が飛ぶアップカットなら、正転ロータリのように田んぼの隅が高くなる心配がありません。

ただアップカットロータリで耕すと、排水性がよくなり、すき込んだムギワラが意外と湿りません。耕起後早めに雨が降ればいいのですが、天気がいい日が続くと、代かきまでワラが湿らないこともありました。

以前はムギ収穫時にワラを細かく裁断していましたが、乾いた短いワラは土の間を抜けやすく、水面に浮きやすい。そこで、現在は20㎝前後と長めに裁断しています。

荒代で土を細かく、本代ではワラを刺す

代かきは2回行ないます。荒代前の水深は、二山盛りに仕上げた凸部分の半分ほどが見える状態。代かき後の水位が2～3㎝になるのが理想です。ドライブハローの回転はやや速く設定。できるだけ深くかき回し、土塊を細かく砕きます。

荒代の後、時間が経つと土壌が乾いて轍が残ってしまうため、本代（植え代）も同じ日のうちに終わらせます。

本代は、ワラや残渣を地面にすき込むのが一番の目的です。浅く、ゆっくりとかき回します。ムギワラはストロー。爪でやさしく撫でて、土に刺すようなイメージでやってます。長く裁断したワラは、一部だけでも土の中に入っていれば水の中でも浮いてきません。

長めの裁断、そして浅水なので、浮きワラがハローの脇から抜けていくこともなく、土へしっかり刺していけます。地面の高低差もはっきり見えて、均平に代かきができます。

ワラの肥効で「への字稲作」に

浅水代かきは節水にもつながります。当地区はため池に加え、川からも水を引いていますが、谷が浅いため使える水量が少なく、代かき時期には水が不足気味になります。浅水代かきなら水が節約でき、下の田に多く水を回せるので、作業効率が上がります。

ムギワラをうまくすき込めば、後の作業もラクだし、田植えもスムーズに進みます。きれいに田植えができれば、その後の作業のやる気も出ます。さらに、ムギワラのおかげか、植え付け後の肥効が「はじめちょろちょろ中ぱっぱ」と、いい感じ。7月中旬、分けつ最盛期にムギワラの肥効が出始めて、イネの生育も自然と「への字型」になりました。

（佐賀県鹿島市）

への字稲作を提唱した井原豊さんも、ムギ後での二山盛り耕＋浅水代かきを実践していた（DVD「イネ機械作業コツのコツ」より）

＊2018年5月号「長いワラ＋二山盛り＋浅水代かきでムギ跡もきれい」

中田和也さん（16ページ）のサイバーハロー（小橋、TX242）。
作業幅は2.4m（写真はことわりのない限り小倉隆人撮影）

均平板

土塊が後ろに逃げるのを防ぐ板。粘土の強い圃場用に加圧装置が付いたものもあり、土塊を何度も爪に当てることでより丁寧に砕くことができる

レーキ（レベラー）

地表面を均していく均し板。土引き作業では真っ直ぐ立てて固定することで、土を抱えて運ぶことができる

ドライブハロー の構造

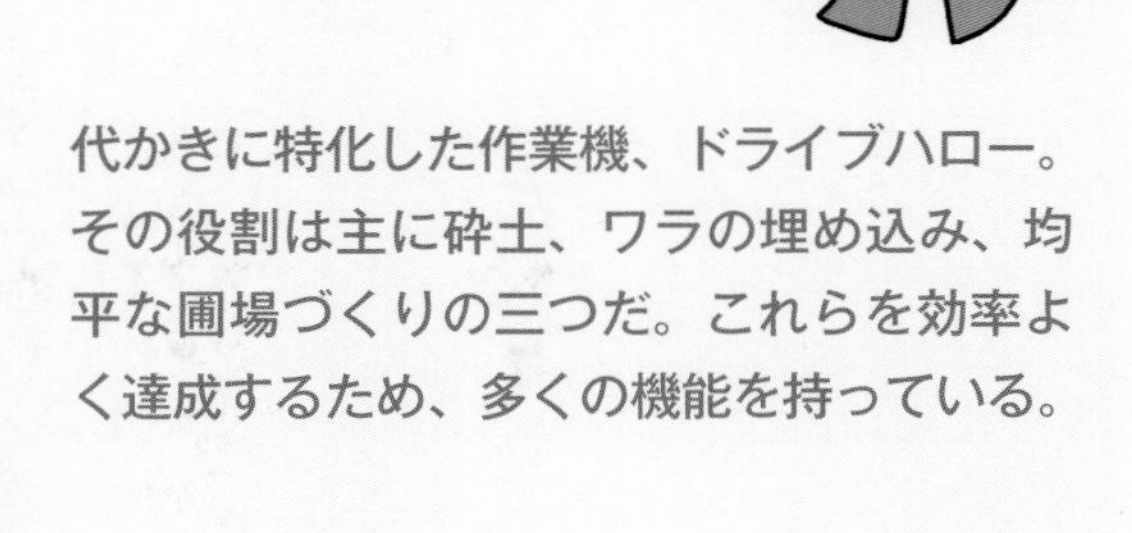

代かきに特化した作業機、ドライブハロー。その役割は主に砕土、ワラの埋め込み、均平な圃場づくりの三つだ。これらを効率よく達成するため、多くの機能を持っている。

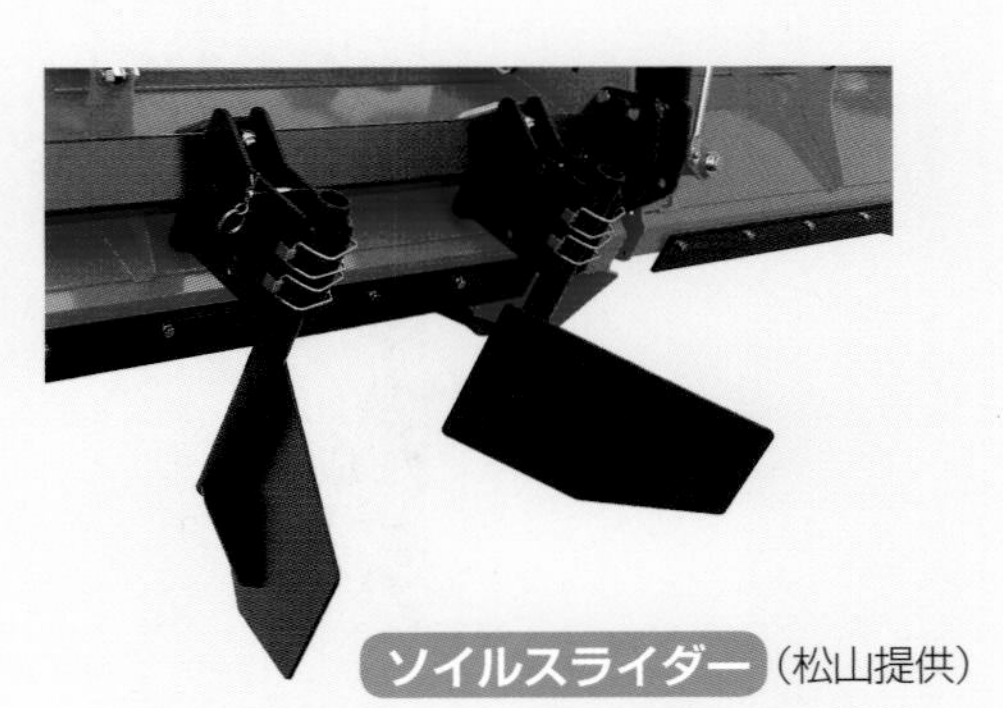

ソイルスライダー（松山提供）

トラクタの轍を消すため、爪の前方で土を寄せる板。土寄せ爪（38ページ）だけでは対応できない、幅の広いクローラの轍もしっかり消える。「サイバーハンド」（小橋）、「ワイパーブレード」（ササキ）など、メーカーごとに工夫がある

トラクタにもよるが、エンジン2500回転ならPTO1速（約540回転）、エンジン2000回転ならPTO2速（約600回転）などにして爪の回転数を260回転に近づける

多くのハローはPTO540rpm（540回転/分）前後を推奨しており、このとき爪の回転数が最も効率のいい260rpmとなる。回転が遅いと土塊が十分砕けず、速いと水流が強くなり、均平板やレーキの押さえが利かなくなる

折り畳み部分やサイドレーキをリモコンで開閉できるタイプが人気。降りるのが面倒なキャビン付きトラクタなどでとくに便利

近年は作業幅の大きい折り畳み式ハローが続々登場。折り畳み式のウイングハロー（松山）やサイバーハロー（小橋）なら、中山間の狭い農道でも走行できる。松山だと、最大のハローの幅は6m50㎝

ゴロゴロと土塊の残る田んぼに、落水して田植えする。トロトロにかきすぎた田んぼよりも転び苗や浮き苗が出にくい。2周代をかいているので、その後の水管理も極端に困ることはない（写真はことわりのない限り㈱ふるさと未来提供）

代をかきすぎてないか？

2回を1回にしたら、いいことだらけ

さっくり代かきで集落営農の仕事が回る

新潟県上越市・㈱ふるさと未来

代かきが3人から2人作業に

新潟県上越市にある集落営農法人「㈱ふるさと未来」の「さっくり代かき」が周囲を驚かせている。

6年前までは、まず荒代をかき、2〜3日後に植え代をかいて仕上げる指導通りのやり方だった。それが5年前からは一発で仕上げる「さっくり代かき」にガラリと転換。しかも植え付け後の田面にはところどころ土の塊が見えていて、正直「これで代かきしたの？」と思うほどお粗末な仕上がりだ。こんなんでイネはちゃんと育つのだろうか。

ところがどっこい。代表の高橋賢一さん曰く「ホント、いいことだらけです。もう2回代かきなんてやってられませんよ！」。

以前は3台のトラクタをフル稼働させてなんとか間に合わせていた代かきが、2台でラクラク回せるようになっ

代かき3日前（田植え5日前）、じわじわと入水する途中の圃場。水を含ませておいて、代かき前日の入水で水位を調整。土塊にしっかり水が浸みて、1回の代かきでもこなれやすい

㈱ふるさと未来代表の高橋賢一さん（前列中央、60歳）と正社員のメンバー。イネ約50haのほか、ダイズ、エダマメ、ブロッコリーなどを転作田に作付け。ハウスで園芸品目も栽培する

た。手の空いた1人を園芸部門に充てることで、法人全体の収益アップにつながっている。もちろん使う軽油も少なくなって、年間1500ℓも浮いた。

「それだけじゃありませんよ。苗の活着が早くなりましたし、除草剤の効きまでよくなった気がします。おかげで田植え後の管理がラクになりました」

2周より多く回らない

ふるさと未来の代かきはこんな感じだ。まず代かきの3日前に水をざっと入れて田んぼ全体を湿らせておき、前日にもう一度水を足して土にしっかりと水分を浸み込ませる。代かき時の水深はあまり深くせず、荒起こしした土の凸凹がわかる程度だ。

そして代かき当日、土を崩す程度に1周回り、田んぼから上がらずにそのまま同じコースを回っておしまい！　泥がこなれやすい砂地の田んぼでは1周しか回らないし、なかなかこなれない田んぼでも、2周より多くは回らない。まんべんなく2周回ればそれでOK。

知らず知らずかきすぎていた

「とにかく無駄な作業を減らしたかったんです」

7年前、法人の代表となった高橋さんが経営の立て直しのために取り組んだのは、収益性の高い園芸作目の導入だった。エダマメ、ブロッコリー、トマト……。ところが春は田んぼが大忙しで、園芸に労力をかけられないもどかしさがあった。

その田んぼでも、荒起こしの際、ターンのたびに田面が掘られて深くなり、とどめの代かきで「かきすぎ」になっていた。そういうところに植わった苗は、どうも活着が悪く生育がよくない。酸欠で根っこが伸ばせなかったのではないか

と、高橋さんは分析する。

「やっぱり知らず知らずのうちにかきすぎになっていたんじゃないかな。私が子供の頃なんて今みたいな大型の機械はなく、荒っぽい代でもイネはよく育っていましたからね」

２０１３年、高橋さんは５haで一発代かきを試験した。

「試し甲斐があると思ったことは、すぐに試すのがうちの方針です。それもある程度の規模でやると、結果のよしあしがちゃんと出ます」

従来通りの代かきをした田んぼと収量を比べてみると、大きな減収は見られなかった。こうなると、高橋さんの判断は電光石火。翌年にはすべての田んぼを、一発仕上げのさっくり代かきに切り替えてしまった。

田植え後1～2日は入水しない

代かきを1回に減らしたことで、田植え後の苗の活着は格段に早くなった。田植え後は5日で葉がピンと立ち、7日で田植え傷みから完全回復するという。トロトロにかきすぎていた頃は、活着せずに黄色くなったり、代が落ち着かず苗が倒れてしまっていた。それが、さっくり代かきにしてからはまったくない。

ふるさと未来の田植えは、完全な落水状態で植える変わったものだ。

「指導機関からは『田植えは1～2㎝の浅水で』って言われましたが、うちは1枚が50ａ以上ある田んぼが多い。どうしても高低差が出ますから、どこを基準にすればいいのかわかりにくい。それだったらいっそのこと全部水を払っちゃえ！と考えたんです」

さらに、田植え後1～2日は水を入れないという。一般的には田植え後はすぐに入水して、風や寒さから守ってあげるほうが、苗にはいいといわれているが……？

「こうすると活着が早いですよ。これも酸素の供給があるからだと思います。他の作物もそうですが、イネが根を伸ばすのは夜です。多少植わりが悪い苗も、その日の夜に水を入れなければちゃんと根付きます」

じつは高橋さん、以前田植え機の操作を誤って、苗を植えずにただボトボト落としながら10ｍほど進んでしまったことがある。しかし、あえて植え直しはせず、苗が流されないよう3日間水を入れずに観察していたら、泥の上に横たわっていた苗はどれも自力で根付いたそうだ。その後入水しても苗は浮くことはなく、結局最後まで育った。以来、ふるさと未来では「さっくり代かき」と「田植え1～2日後入水」で活着を促し、浮き苗による欠株をなくす今のやり方に落ち着いた。

粗い田面で除草剤の効果がアップ!?

さっくり代かきにはもう一つ、にわかには信じがたい効果がある。田植えと同時に処理する除草剤（初期剤）の効きがよくなったというのだ。農薬メーカーは「丁寧に代をかかないと除草剤は効かない」と口を揃える。しかし、高橋さんには実感がある。

「以前、初期剤の試験を農薬メーカーに頼まれ、せっかくなのでしっかり代をかいた田んぼとさっくり代かきの田んぼで比べてみたんです。そしたらさっくり代かきのほうが、明らかにヒエやホタルイが抑えられました。トロトロにかき過ぎた泥だと粒剤が沈んでしまい、かえって田面の処理層（除草剤がつくる薬液濃度の濃い層）ができにくいんじゃないかと考えています」

農薬メーカーの担当者は首をかしげて帰ったというこの現象。まだまだ未解明だが、さっくり代かきでも除草剤の効きに問題はないというのは確かなようだ。

代かきは1回だけ、全体を1～2周かく。ハローはPTO540回転で時速2kmほど。コース取りに厳密な決まりはない。1日6時間、トラクタ2台の作業で2.5～3.5haほどをこなす。中規模（50a程度）の田んぼが多いので、小回りのきく44馬力のトラクタ2台で代をかく。粘土質土壌でも動きやすいよう、セミクローラのものを選んだ（倉持正実撮影）

自信を持って作業できる

2012年、建築資材会社を早期退職し、法人の代表についた高橋さん。この7年間もっとも力を入れてきたことは、若い人が残って育つ社風作りだった。

農業経験のない人でも、地域外の人でも、やる気があれば正社員として積極的に採用した。正社員は昨年まで高橋さんを含めて6名。この春からは新卒の新入社員が加わった。しかし正社員は慣れない農業機械を運転しないといけないし、臨時のオペレーターに的確な指示を出さないといけない難しい立場。

以前は荒代と植え代、2回の代かきで「下はゴロゴロ、上はトロトロ」の理想の土壌構造に仕上げようとしていたが、これがなかなか難しい。

その点、さっくり代かきでは極力難しいことは考えない。トラクタにはGPSも搭載したので、コースどりは「モニターに表示される走行図を見ながら、まんべんなく2周回る」、仕上がりは「多少粗くてもいい」というようなやさしいルールになり、若い社員の自信につながった。

「農業に一人勝ちはありません。自分だけ勝つなんて、せいぜい一瞬の出来事。上越という地域全体が残らなければ農業は成り立ちませんから。逆に言えば、農業が残れば絶対に地域は残ります。地区外からでも、農外からでもいい。若い人が楽しく農業をする姿を残せたなら、孫の代になって故郷で農業をしようと思う人が出てくるかもしれません」

さっくり代かきは単なる省力技術なんかではない。農業を継承し、地域を残すためのノウハウなのだ。

（取材・鴨谷幸彦）

＊2019年5月号「さっくり代かきで集落営農の仕事が回る」

代をかきすぎると、どうなる？

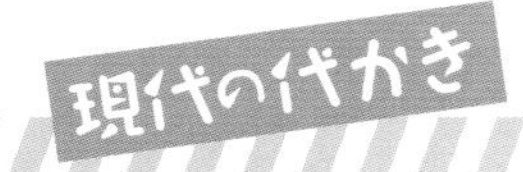

現代の代かき　高速回転で混ぜる

爪が高速に回って土をかき混ぜ、細かくする。

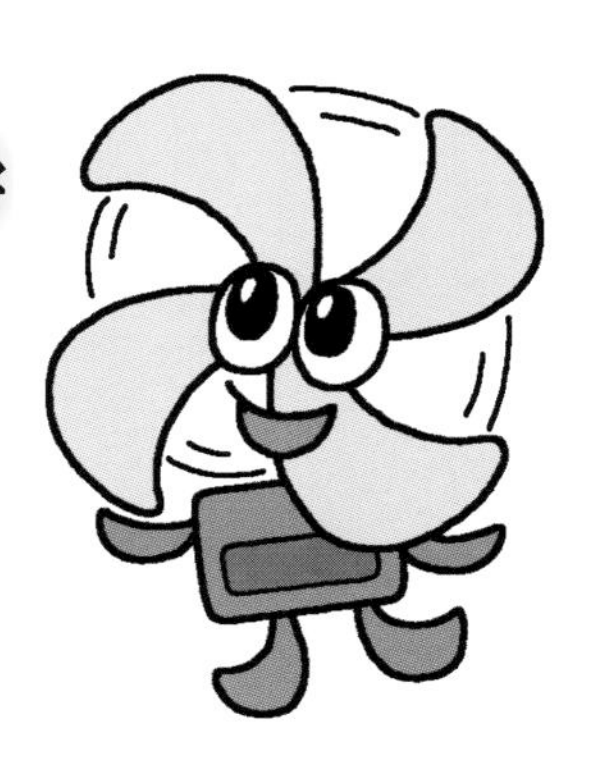

ロータリで 攪拌
荒起こしで高速回転
ドライブハローでも 攪拌
代かきでもっと高速回転

作業機の攪拌能力が高く、ほぼ全層が細かく砕土される。単粒化した土が下層の土の隙間を埋めて、表層にフタをする
生ワラ
大量にすき込まれる
現代

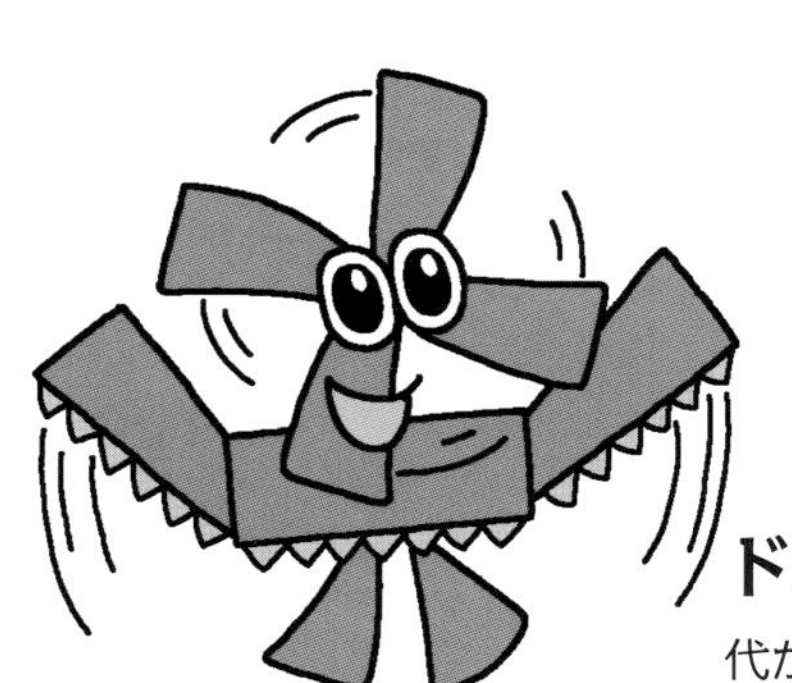

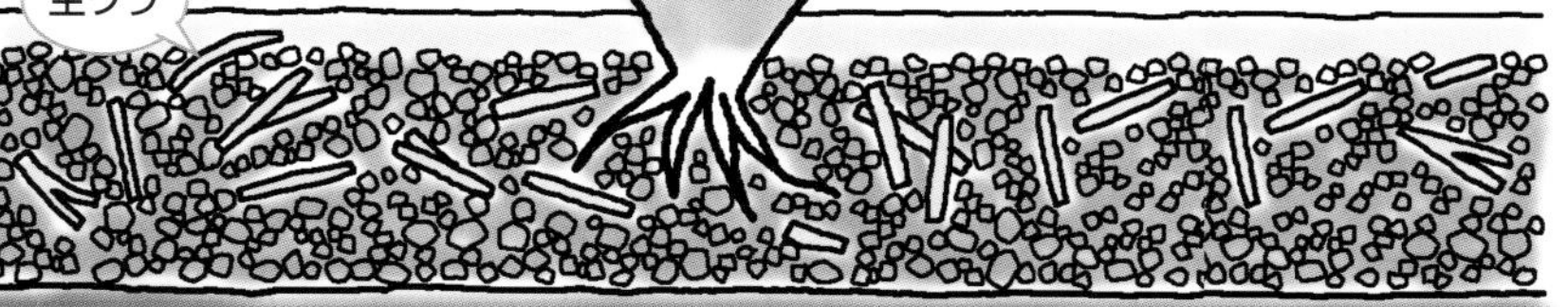

攪拌しすぎると…

- 土中の酸素が不足し、イネの初期生育が悪化
- 砕土・攪拌効果で地力チッソが早く出てしまう（登熟期の地力チッソ不足）
- 夏に生ワラが分解されて土中が極端な酸欠状態になる

コロコロの土で育ったイネは、高温障害にも強い

出穂後の登熟期に人工的に高温区をつくって比べた（金田ら、2012）

土がコロコロで根張りがよく吸水力が高い。すると、止め葉の気孔がよく開いて蒸散が活発になるので、穂の温度が代かき区より低くなる

ビニールハウス
シラタ発生率 2.4%
（常温の代かき区と同等）
無代かき区
アゼ
シラタ発生率 8.2%
代かき区

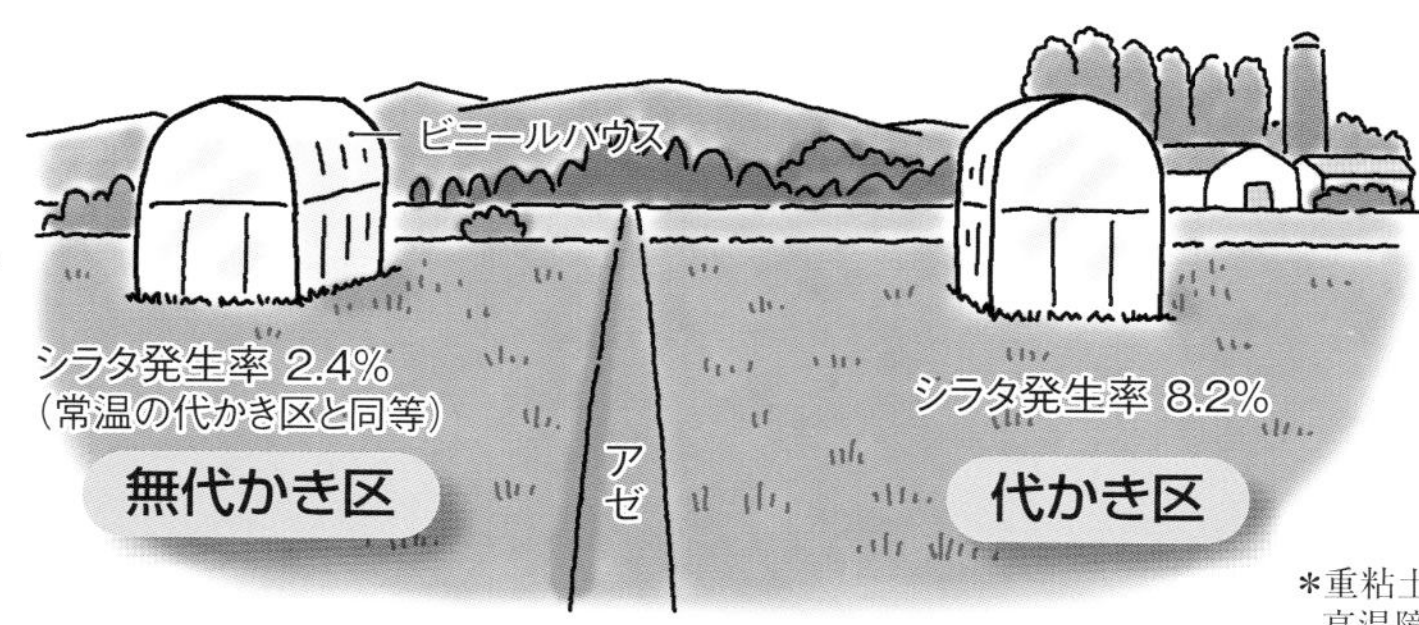

土が単粒化して根張りが悪く、穂の温度が高い

＊重粘土の秋田県大潟村にて、高温障害が多発した2010年の調査

昔の代かき

さっくり引っ掻くだけ

牛や馬に犁を引かせて土塊を反転し、馬鍬(まんが)で砕土した

代かきのようす。奥にはウネ立てした田に水を張った代かき前の田が見える。中央の田では馬に馬鍬を引かせて荒代かき、手前は「柄振（えぶり）」 と呼ばれる農具を押して植え代をかいている（昭和35年、秋田県湯沢市、佐藤久太郎撮影）

犁で 反転

大きな土塊を反転させる

馬鍬で 砕土

水を入れて泥を引っ掻く

昔
堆肥
ワラは生活や家畜に利用されたあと、完熟堆肥となってすき込まれた
コロコロの粗い土。団粒構造が残っていて土中の酸素が豊富

かつての 多収日本一の農家に学ぶ

昭和30年代から40年代にかけて、米の増収を引っ張った篤農家たちも代のかきすぎを問題視

代かきは、縦に1回かけるだけで横にはかけない

（皆川健次郎撮影）

代かきを簡単にすませれば、団粒構造が崩れない

片倉権次郎さん

(1910-1983)

山形県川西町の篤農家。誰もが反収5石（750kg）とれる技術を確立

代かきは上層を泥状に、下層は粒状に

加藤金吉さん

秋田県琴浜村（男鹿市）の篤農家。昭和34年（1959年）に、反収959kgで多収日本一に

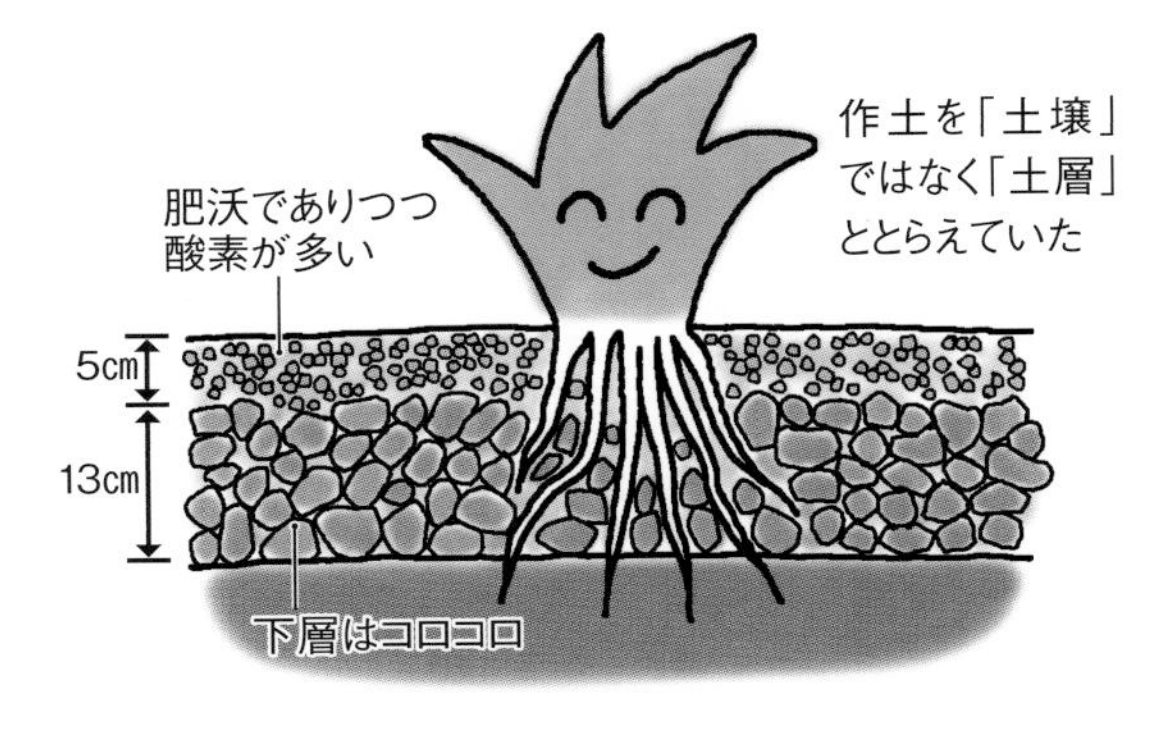

肥沃でありつつ酸素が多い
作土を「土壌」ではなく「土層」ととらえていた
5cm
13cm
下層はコロコロ

協力：金田吉弘（秋田県立大学）、参考文献『写真集　片倉さんの五石どりイナ作』（農文協、絶版）

＊ 2019年5月号「代をかきすぎると、どうなる？」

サトちゃん流

上はトロッ、下はコロコロ 耕盤真っ平らのさっくり代かき

福島県北塩原村・佐藤次幸さん

福島の機械作業名人・サトちゃんの代かき法。本誌やＤＶＤ作品でたびたび紹介してきたが、じつはサトちゃんが口酸っぱく言ってきたポイントも、「代をかきすぎない」ことだった—。

ドライブハローの代かきは、爪で撹拌して水の中で土をふるい分けするんだ。大きな塊は先に沈んで細かい土が上に乗っかる。だから、植え付けると苗が転ばないし、ばらけない。これがメリット。でも、かきすぎ・練りすぎになりやすいデメリットもある。酸素不足でイネの初期生育が悪くなりやすいわけよ。

それに比べると、昔の代かきは馬鍬で引っ掻くだけで、ずいぶんあっさりだったよ。それでもイネは育つ。いや、団粒構造が残って土中に酸素がいっぱいあっから、むしろ生育はよかったよね。

土を細かくすればいいってもんじゃない

左ページの写真は、サトちゃんの田んぼの土だ。代かき前の状態は、両手でやっと持てるほどの大きな土塊。これが、荒代後に土もワラも少し砕かれて握りこぶし大になる。植え代後には、粗い土のダマダマを残しつつも、表面だけトロッとしたやわらかい土になっている。

「代かきも耕耘も、土を細かくすればいいってもんじゃない」という、サトちゃん流の「浅水さっくりスピード代かき法」を詳しく見てみよう。

荒代は「足場づくり」植え代は「お化粧」

代かきは、荒代と植え代の2回やるのが一般的。でもサトちゃんによると、その目的はぜんぜん違う。荒代は「田植え機が真っすぐ走るための足場づくり」。植え代は「表面を平らに均して田植え機の爪が入るようにお化粧する作業」だという。

そもそもサトちゃんの場合、「低燃費・高速耕耘法」（後述）による荒起こしが、深さ10㎝と浅くて速くてさっくり。土を細かく砕くのではなく、ロータ

サトちゃん（佐藤次幸さん）
（依田賢吾撮影）

サトちゃんの植え代かき
（倉持正実撮影、以下Kも）

荒代と植え代　かき方のイメージ

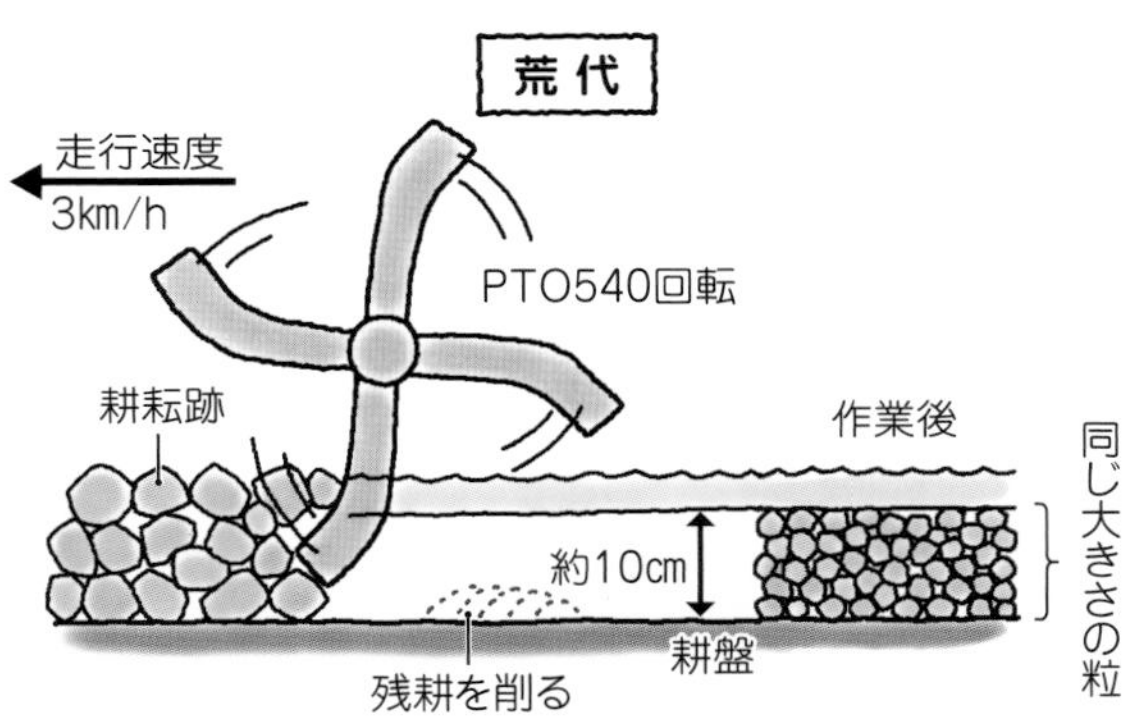

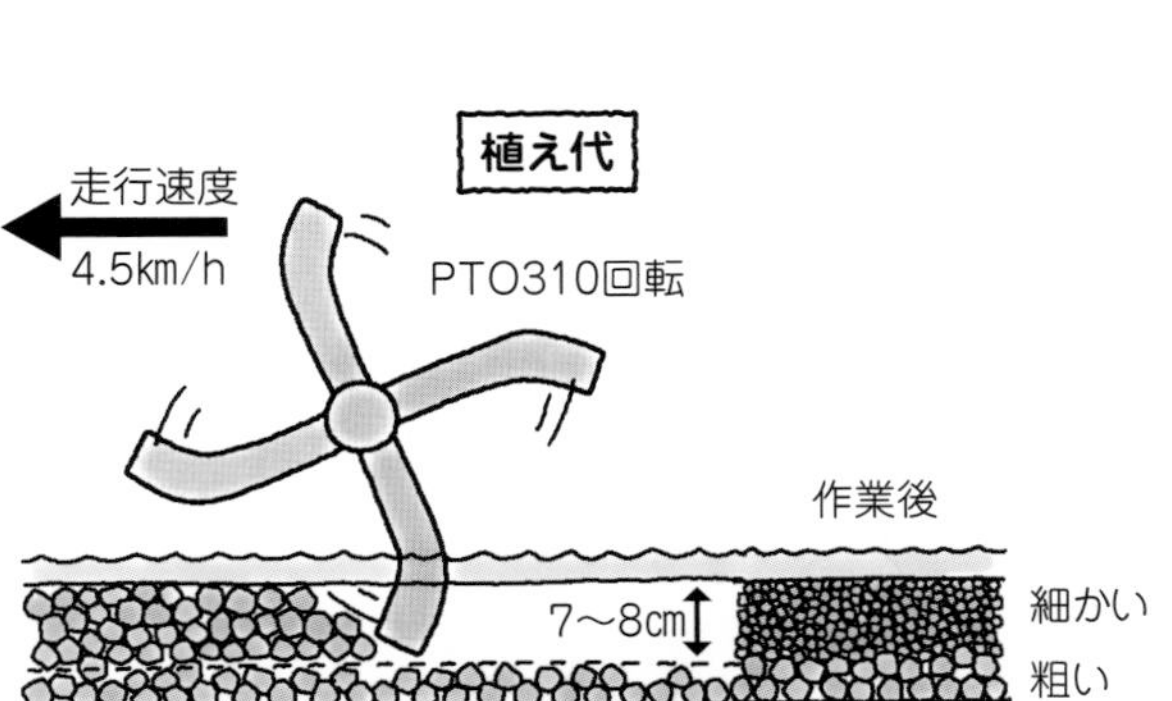

サトちゃんの代かき法。10年前は荒代の走行は標準の速度だったが、トラクタやドライブハローの性能がよくなって、現在はかなりスピードアップしている

サトちゃんの田んぼの土（K）

り爪で削ってできる耕盤をできる限り平らに仕上げるのを目的としている。だから、耕耘後は稲株もそのまま残っているし、土は大きな塊のままである。

荒代かきでは、これを握りこぶしくらいの大きさに砕いていく。耕耘と同じく10㎝の深さに爪を入れ、耕盤をなでるように作業。耕耘で残ってしまった耕盤の高い部分を、カンナで削るようにして真っ平らに仕上げるイメージだ。

こうして大きな土塊を砕きながら「足場」（真っ平らな耕盤）をつくり、田植え機の走行を安定させるのが、荒代かきの目的だ。

浅水さっくりスピード代かき法の考え方

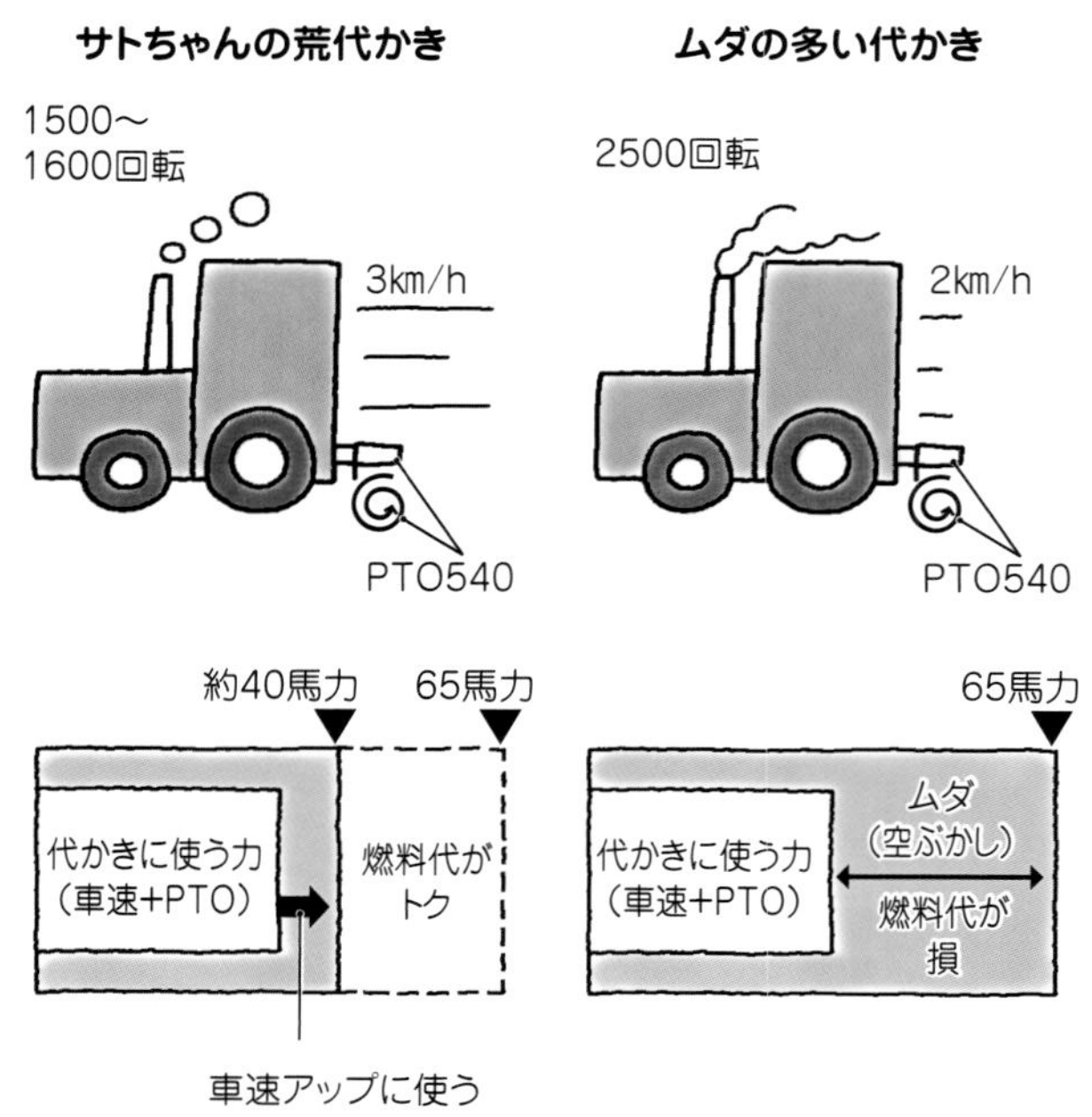

サトちゃんの荒代かき

1500～
1600回転

3km/h

PTO540

約40馬力
65馬力

代かきに使う力
（車速+PTO）

燃料代がトク

車速アップに使う

ムダの多い代かき

2500回転

2km/h

PTO540

65馬力

代かきに使う力
（車速+PTO）

ムダ
（空ぶかし）

燃料代が損

続く植え代かきでは、表層の土を細かくし、田面を平らに「お化粧」する。しかし、細かくするのはあくまで表面の土だけ。表層7～8cmをスピードを上げてさっくりかいていくイメージだ。これで表面が細かく平らになり、苗をギュッとつかむ植え代に仕上がる。

作業時間は10a18分

さて、気になる10aの作業時間は、荒代かきで10分、植え代かきで8分が目安で、周囲の人より数倍速い。

理由の一つは、そもそも耕耘の深さが10cmと作土が浅いこと。一般には15～18cm耕すので、その分ドライブハローに負荷がかかり、作業スピードは遅くなる。

もう一つは、浅水で代かきするので、ムダなく回れること。水が深いと大きな抵抗がかかるし、どこまで作業したかがわからなくなって、何度も重ねて代をかいてしまったりする。浅水ならハローが通った端に「土盛り」ができるので、隣の列ギリギリのコースどりができ、作業時間も短縮される。

そして、サトちゃんの代名詞であるロータリによる「低燃費・高速耕耘法」と同じやり方で、ドライブハローでもトラクタの馬力をムダなく使うことも大きな理由だ。

荒代はＰＴＯ５４０回転
植え代は３１０回転

例えば、一般にはトラクタのエンジン回転数を定格の２５００回転にし、主変速１、ＰＴＯギア１で、「ゴォー」とエンジン音を轟かせながら運転することが多い。しかし、代かきにそれほどの馬力は必要ない。

サトちゃんはまず、エンジン回転数を４割ほど落とす。すると、ハローの回転数も下がるので、これを標準の５４０回転に近づくようにＰＴＯの変速をシフトアップする（１速上げる）。これでもまだ馬力に余裕があるので、車速を主変速１からスタートしてエンジン回転数が落ちない範囲で上げていく（注：この間、アクセルは踏み込まない）。ムダな馬力を使わず、スピーディーに仕事を進めるトラクタの使いこなし術だ。

植え代かきは表層をさっくりとかくだけなので、さらにスピードアップ。エンジン回転数はそのままで耕深ダイヤルを一つ分浅くする。次に主変速をトラクタの性能に合わせて少しずつ上げる。するとＰＴＯ回転数が下がるが、それでＯＫ。３１０回転くらいで、かきすぎないようにハローを遅めに回していけばよい。

以上がサトちゃん流の浅水さっくりスピード代かき法のあらましだ。では、次ページからサトちゃんの代かき作業の細かいコツをおさらいしよう。

水位は一発で調節
かけ流しで水をムダにしない!?

「代かきで一番時間がかかるのが、水見なんだよね。水位調節は一発で決めなきゃ。たった2㎝水位が上がっただけでも、3反田んぼなら6万ℓも違ってくる。1時間や2時間じゃ抜けないよ。しかも、排水路に水を流したら、当然、下流の田んぼの持ち主が怒るよね」

　そこで、サトちゃんは用水路側に水尻をもう一つ増設し、これを開けたまま入水する。かけ流しとなるが、水は起こされた土塊に堰き止められつつ広がるので、水尻に達する頃には作土層全体に水が行き渡っている。ちょろちょろと落ちる水は、代かき前なので濁水ではないし、用水路に流すのでムダにならない。

　水位調節は、図のようにL字の塩ビ管を使えば一発で決まる。また用水路側の水尻を使うので、排水路側と違い、田んぼの奥まで行き来する手間と時間も省ける。

前日に入水、荒代1～2時間前にエルボーを取り付けたサトちゃんの水尻

塩ビ管による水尻水位調節装置
〈用水路側に増設〉

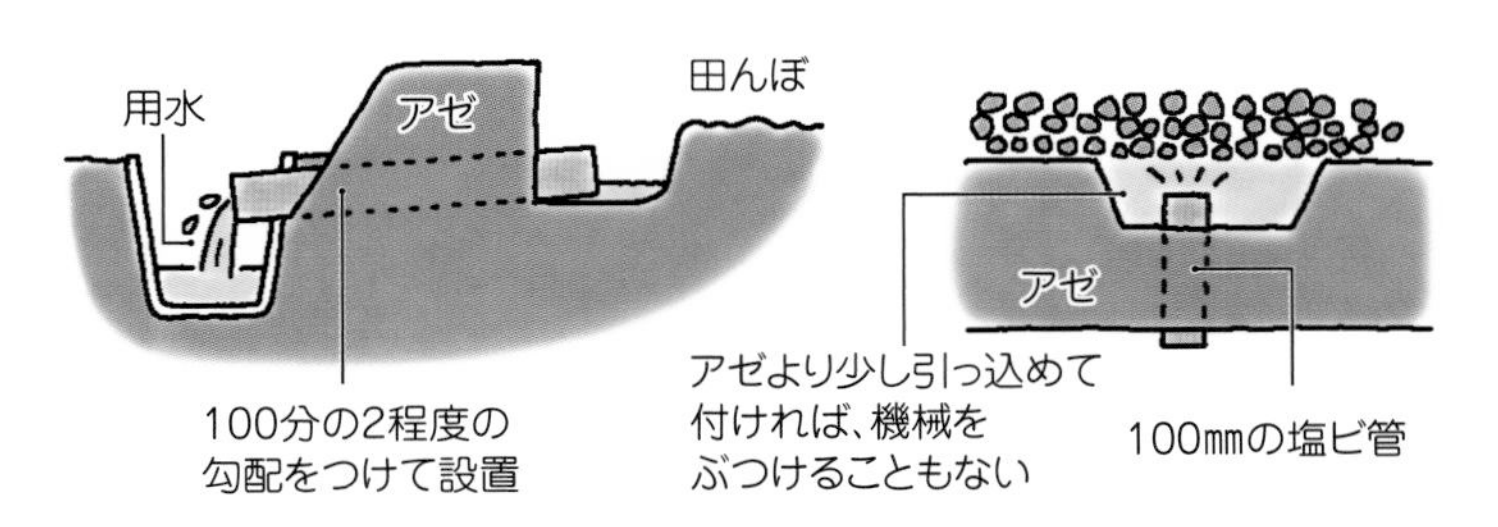

① 荒代の前日に入水。最初はエルボーは付けずに水をかけ流しの状態にする。これで1日たつと、表面に水はないが土はたっぷり水を含んだ状態になる。

② 荒代をかく1～2時間前にエルボーを取り付けると、すぐに水位が上がってくる。エルボーの表面に前年までの水位の跡が段階的に残っているので、それを目安に一番浅い水位になる角度にする。

すり鉢状の田んぼにしない工夫

工夫❶ 耕耘、荒代、植え代で、コースどりを変える

耕耘も、荒代も、植え代も同じコースを走る人が多いが、ぐるぐる回りすると土が外側（アゼ側）に寄せられてしまい、とくに手前と奥のアゼ側が高くて中央部が低い「すり鉢状の田んぼ」になってしまう（12ページ）。それぞれ逆回りにすれば、前回残った山や谷を打ち消しながら走ることができる。

「（ロータリの左側に付いた）チェーンケースがアゼ際にならないように、周回耕は必ず左回りにする」という人もいるが、サトちゃんは気にしない。そもそもそんなにアゼ際ギリギリまで耕しても、イネはアゼから15cm以上離して植えるから意味がない。だから、アゼ際10cmは余裕をもって耕耘・代かきしていく。

また、荒代を耕耘と同じように中（隣接耕）からかくと、まだ代かきしていない場所（土と水が馴染んでいない場所）での旋回となり、枕地の轍がなかなか戻

耕耘は中が先

まず中を仕上げて

外を回って
→出る

耕耘はこれでよいが、荒代でやると左下写真のようになる

荒代は耕耘の逆に！

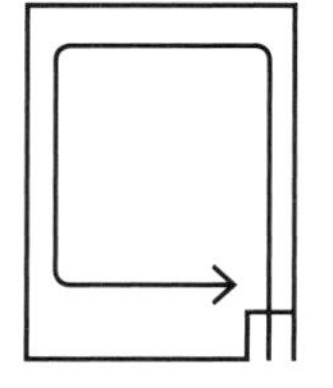

まず入り口から外をかく

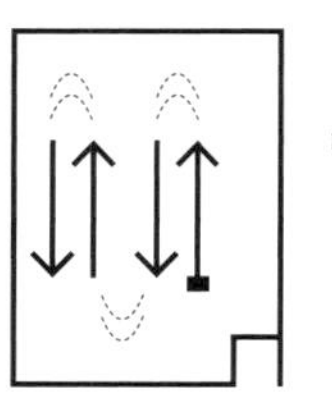

それから中をかく

旋回する場所を先にかくのが、土を寄せないコツ

アゼ際10cmは耕耘も代かきもしない（K）

まだ代かきしていない場所で旋回すると、轍がなかなか戻らない（K）

らない。だからサトちゃんは、荒代のときはまず外（周回耕）からかいて中をかく。続く植え代を、中、外の順とすれば、枕地の轍もきれいに消せる。

工夫❷ 必ずハローを上げて旋回する

タイヤによる轍を残したくないため、1ウネおき耕で大回りしつつ、ドライブハローを落としたまま旋回する人もいる。しかし、この作業でも土をアゼ側に激しく寄せてしまう。自らすり鉢田んぼをつくっているようなものだ。ムリしなくても轍は周回耕で消せるので、ハローは必ず上げて旋回したほうがいい。

ターンの方向

外側に土が寄る

ターンのときにハローをあげないと、土がアゼ際に寄り、すり鉢状の田んぼになる（K）

工夫❸ 四隅は「3秒ルール」で、盛り上がらせない

四隅が盛り上がっているため、代かき時に手直しせざるを得ない人も多い（11ページ）。これを防ぐのが、お馴染みの「3秒ルール」。耕耘も代かきもアゼ際までピッタリと寄せる。トラクタを停止したままでドライブハローを回し、キッチリと目標の深さまで起こす。それからゆっくりと前進すれば、土をアゼ際に残さずにもっていけるし、耕盤の均平も揃う。

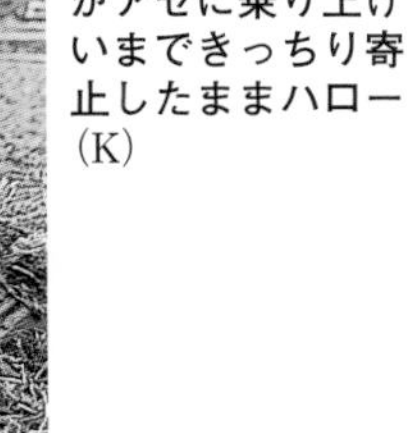

ドライブハローの均平板がアゼに乗り上げるくらいまできっちり寄せ、停止したままハローを回す（K）

ハローをしっかり下ろし、1、2、3と数えてから、ゆっくりスタートする（K）

ハローの爪の並べ替えで、代かき後の轍が消える

爪入れ替え前

砂質土の漏水田では、どうしても轍が残ってしまう……

爪入れ替え後

轍が消えた！

土寄せ爪の入れ替え

標準爪　土寄せ爪

標準爪がS字にくねっているのに対し、土寄せ爪は先だけ曲がっている（K）

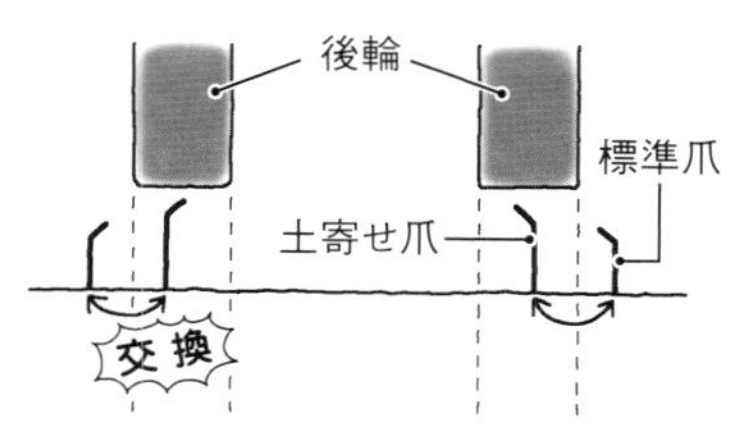

タイヤの後ろに入っていた土寄せ爪を、外側の標準爪と交換。タイヤで押し出す土を戻すようにする

砂質土の田んぼでは土が動きにくく、写真のように代かき後に轍が残ってしまう圃場がある。水をたっぷり入れて代かきを3回も4回もするという人もいるが、じつは浅水のままでもハローの爪の並びを変えるだけで轍を消すことができる。

ドライブハローにはふつうの爪よりちょっと長い土寄せ爪がついていて、轍を土で埋める機能を果たす。これがトラクタのタイヤ位置から離れていたり、真後ろにあると、うまく機能せずに轍が残ってしまうのだ。

(K)

極端に高くなった四隅は、「3秒ルール」＋逆転で均す

極端に四隅が高くなってしまった田んぼでは、耕耘時に以下の方法で均すとよい。①「3秒ルール」で少し耕す。②バックしてロータリを逆転にし、こなれた土を田んぼの内側に飛ばしながら引っ張る。③再びバックし、正転で「3秒ルール」。耕盤の深さまで爪を入れて耕しながら、平らに均す。

ただし、均平板の押さえが利いていないと、「3秒ルール」をしても土を後ろにはね飛ばしてしまう。注意が必要だ。

ドライブハローで高低直し

レーキ（レベラー）をロック、土を抱え込みながら引っ張る。
動かす土の量は、水道の水位と見比べながら調整する（K）

田面の高低は耕耘や代かきのやり方で均すのが鉄則だが、やむを得ない場合は、土が適度に水を含んだ荒代かきのあとにやるといい。

サトちゃんは、高い部分を無理やり一度に動かそうとはせず、まず少しだけ動かして水が流れ込む「水道（みずみち）」をつくる。こうしておけば、次第に周りの土にも水が浸み込み、動かしやすくなる。また、水道は田んぼの均平を見る目安でもある。最初に自分でちょうどいい高さだと思う部分の水位を見て、水道の水位と見比べながら引っ張る土の量を調整する。

ただ、どうしても土を引っ張りすぎてしまうという人もいる。うまくやるには、レーキ板をロックする角度を45度、30度と調整したり、引っ張るスピードを1速、2速、3速と試して、土がどのくらいブロックされるかを自分の目で確かめることが大切だ。 編

DVDでもっとわかる

90年代初頭、すでに普及していたドライブハローによる代かきの様子。富山県の長島文次さんによる「手抜き代かき」(倉持正実撮影、以下Kも)

＊写真はことわりのない限り「イネ機械作業コツのコツ」から

今も色あせない

手抜き代かきのススメ

ビデオ
「イネ機械作業コツのコツ」より

1990年代初頭に大好評を博した農文協のビデオ「イネ機械作業コツのコツ」シリーズ。当時、すでにドライブハローが普及してきており、代かきは、ロータリでやっていたときよりもさっくりかいたほうが、効率はもちろん、イネの生育にもいい――そんな「手抜き代かき」を推奨していた。現在も色あせない、そのエッセンスをご覧あれ。

代かきは減水深2～3㎝の田んぼづくり

今も昔も、代かきをできるだけ丁寧に、何度もかきたがる農家は多かった。水持ちをよくしたい、土をやわらかくしたい、ワラや雑草を埋め込みたい、凸凹を均平にしたい……など、何度も代かきしたくなる理由は当時も変わらない。

でもロータリと比べると、ドライブハローは、砕土も練り込み能力もかなり高い。同じ感覚で代かきを繰り返すと、む

アゼ際を踏んで水持ち改善

アゼ際を踏んでモグラ穴などを塞ぐ。代かき回数を増やすよりも水持ちをよくする効果は大きい

減水深2〜3㎝がもっとも多収

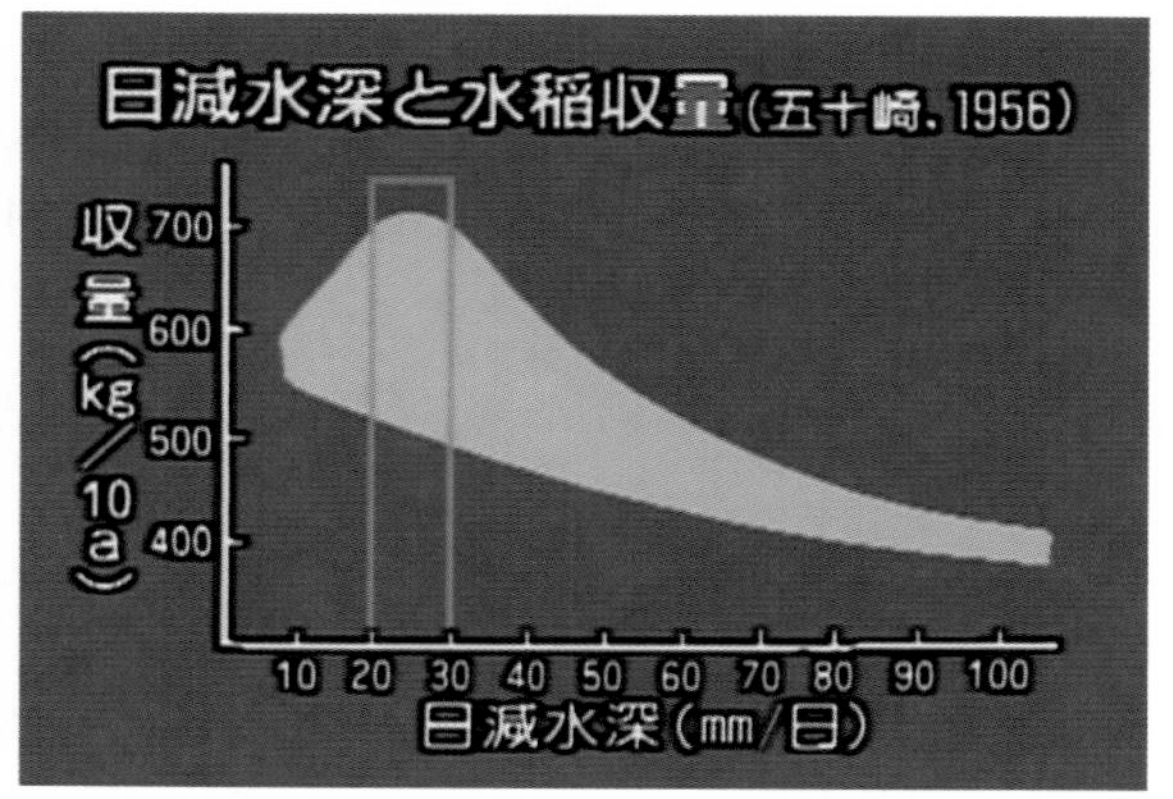

収量は、減水深2〜3㎝より多くても下がり、少なくても下がってしまう

ちょうどいい土の硬さは…？

代かき後、1ｍの高さからゴルフボールを落とす

半分以上沈んでしまったらトロトロすぎ

半分沈むくらいがちょうどいい

しろ「かきすぎの害」のほうが目立ってくる。団粒構造が壊れ、田面は粘土と砂でフタをされたような状態になるので酸素が深く入らず、ガスも抜けにくくなる。地温は上がらず、活着不良が起きたり根が傷んだり……と散々だ。

ここで注目したいのが、上のグラフ。1日の減水深と収量の関係を表わしたものだ。イネの収量は、減水深2〜3㎝をピークにそれより多くても下がり、少なくても下がっている。

つまり代かきの目的は、減水深2〜3㎝の田んぼをつくる作業とみなせばいい。もちろん代かきが不十分で水持ちが悪いのは問題だが、トロトロにかきすぎて減水深が少なくなりすぎるのも、収量を落とす結果につながってしまうのだ。

代かき後のちょうどいい土の硬さを測る目安に使えるのは、ゴルフボール。1ｍの高さから落として半分沈むくらいがちょうどいい。もっと沈むほどトロトロだったら、かきすぎだ。

また水持ちについて注意すべきは、代かきの回数よりも、むしろアゼのモグラ穴や代のかき残し。代かき前にアゼ際をトラクタで踏みつけてモグラ穴をふさぐこと、そしてかき残しをつくらない効率的なコースどり（44ページ）をすることのほうが肝心だ。

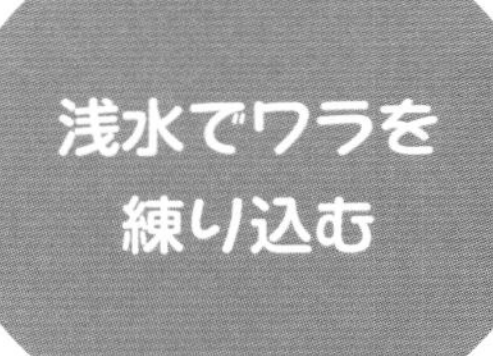

耕耘跡の土が見えていたところが、代かきすると水がにじみ出てくる（K）

土塊やワラが露出している田んぼだが……（K）

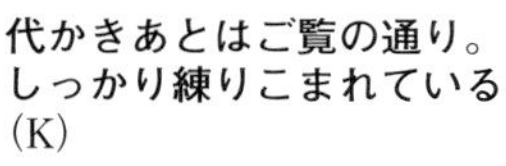

代かきあとはご覧の通り。しっかり練りこまれている（K）

浅水でワラを練り込み、均平に

ワラや雑草が浮いてくることが心配なら、実践するべきは、やはり浅水代かき。大量のワラが残るムギあとの田んぼでも、水面がほぼ見えないくらいの浅水で代かきすれば、ワラは土と絡まりながらしっかり練り込まれる。コツは早めに入水し、土を隅々まで十分に湿らせておくことだ。

浅水なら代かきあとがハッキリ見えるので、かき残しもなく、平らに均しやすい。さっくりかくだけで水持ちがよく、平らな田んぼに仕上げられる。

手直し不要のコースどり

さて、かきすぎず、減水深2～3㎝を目指すさっくり代かきを実践するうえで欠かせないのが、効率的なコースどりだ。とくに気をつけたいのは、四隅の処理。ハローを下げたまま急旋回、しかも毎回同じコースどり……なんてことを繰り返していると、四隅に土が寄せられてどんどん高くなる。手直ししようと何度も代かきすればかきすぎの害が出るし、かといってトンボで引いて均すとなったら大変だ。

手直し不要で効率のいいコースどりが、44ページの図。大きなポイントは、

ハローを上げずに急旋回。
これでは四隅に土が寄り、
手直しせざるを得ない

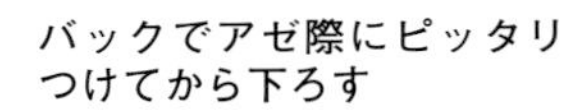

切り返しで急旋回なし

四隅は前輪を畦畔ギリギリまで
寄せたらハローを上げて……

バックでアゼ際にピッタリ
つけてから下ろす

ハローを回して、ゆっくりスタート。これ
なら四隅に土が寄らず、手直しは不要

荒代は外周から、植え代は逆に中央から回ること。そして方向を変えるときは必ず切り返し、バックでハローをアゼ際にピッタリつけてからスタートすること。これで四隅に土は寄らず、手直しなどの無駄な作業はなし。減水深2〜3㎝の田んぼに効率よく仕上がる上手な「手抜き代かき」ができるのだ。編

手直し不要の代かきコースどり

荒　代

荒代は外周からスタートし、だんだん内側へ回っていく。こうすればかき残しはなく、耕耘で高くなりがちなアゼ際の土も内側に寄せられる。

また方向転換は、前ページの要領で必ず切り返し、バックでハローをアゼ際にピッタリつけてからかいていく。

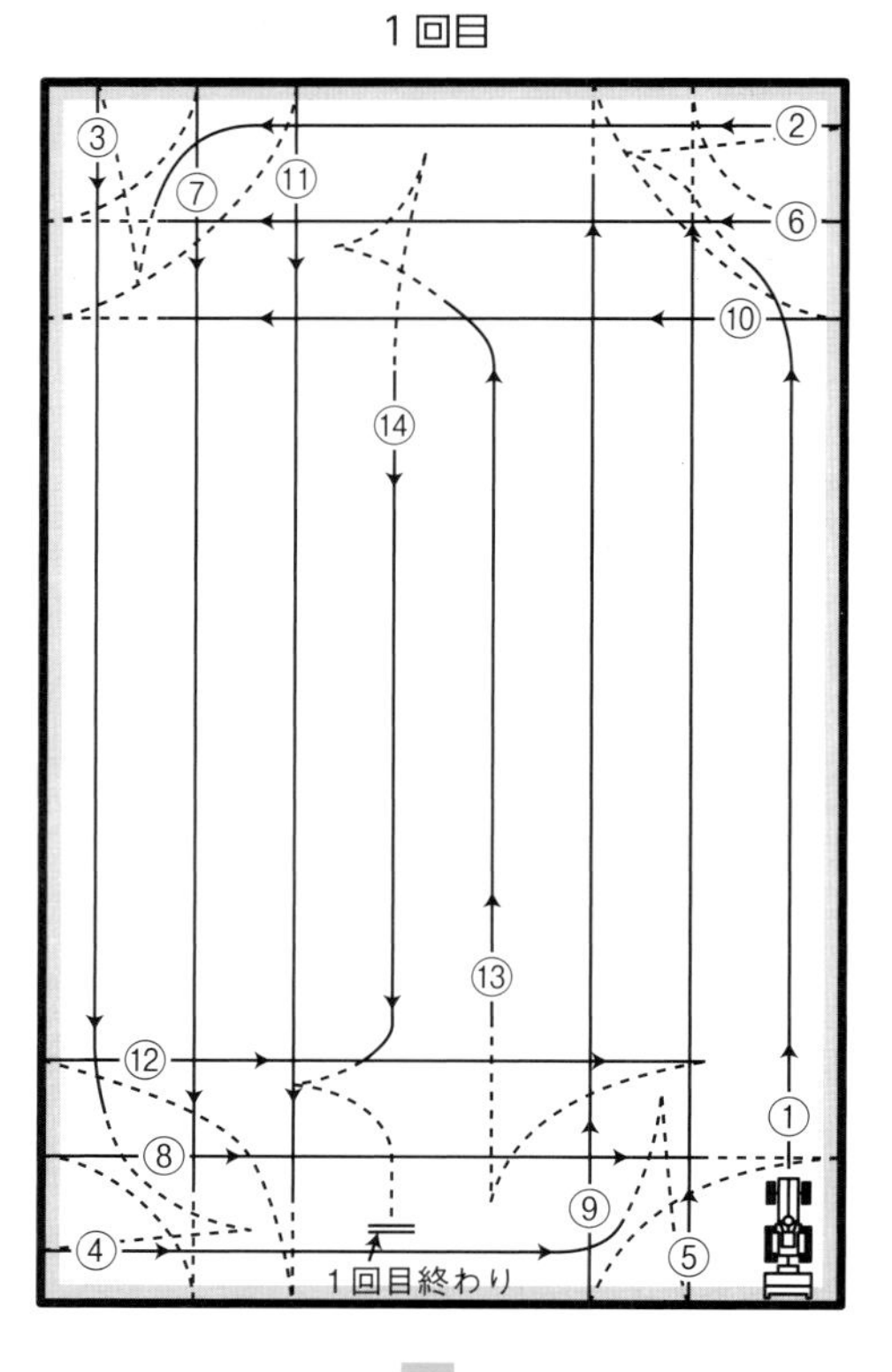

植え代

植え代は中央からスタートし、外側へ向かってかいていく。荒代の逆回りになるので、土がいつも同じ場所に寄ることはない。

方向転換はやはり切り返しで。轍（わだち）を消すようにかいていく。

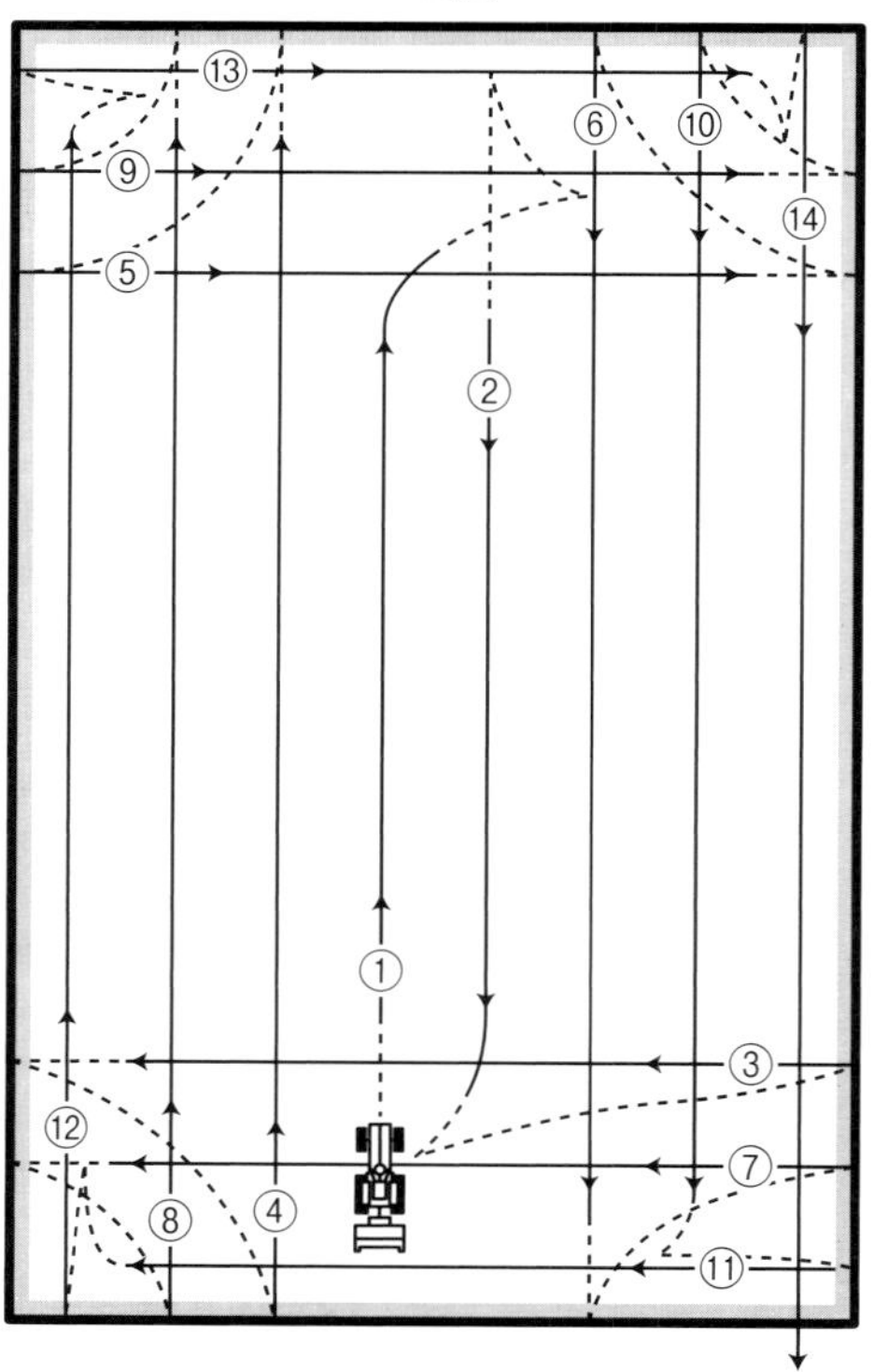

図は『現代農業』1992年5月号から引用

耕耘・代かきは半不耕起で一発仕上げ

福島県平田村・鹿又 正さん

稲株の残る田んぼに水を溜めて、耕耘・代かきを一度に済ませる（すべて倉持正実撮影）

ドライブハローの爪を5cm入れるつもりで浅耕。トラクタのスピードは、ロータリで耕した後に代かきするよりは少し遅い程度。PTOは2

代かきまで終えた田んぼなのに、ふつうの長靴で歩ける

鹿又正さんの耕耘・代かきは、稲株の残った田んぼに水をため、ドライブハロー一発で仕上げる半不耕起栽培。『現代農業』で知ったのをきっかけに始めて、もう20年以上になる。

「みんな、深く耕さないとイネの根張りが悪くなると思うんだろうが、そんなことはない。硬い土でも、イネは古い根穴を見つけて根を伸ばしていく。植物は厳しい環境におかれたほうが潜在能力を発揮する」と鹿又さん。

＊

ハローの爪を入れる深さは約5cm。稲株がひっくり返って表面が平らになればいい。土を細かく砕いて均すには同じところを2回、場合によっては3回走ることもあるが、とにかくトラクタを入れたら一発で仕上げる。それでもイネの生育にとって困ることは何もない。田んぼは砂の多い土質だが、水もちはもともと悪くないという。

水は、耕す1日以上前からためておく。水深はふつうの代かきよりやや深めにして始めるとちょうどいいとのこと。前年にイネを刈ったままの田んぼは、耕すことで水がかなり浸透するからだ。水で田面は見えなくても稲株が走る目安になる。

耕耘と代かきが同時にすむので、ふつうならロータリで耕している時に他の仕事ができる。田植えは4条の歩行型田植え機だが、足がくるぶしの上くらいまでしか沈まないのでラクに歩ける。除草剤で抑えられなかった草を抜くため田んぼに入るのも苦にならないそうだ。（編）

＊2015年5月号「耕耘・代かきは半不耕起で一発仕上げ」

無代かきの土はコロコロ、ガスわきなし

北海道・富澤喬史

ケンブリッジローラーによる鎮圧作業。細かいギザギザのついたローラーで土塊を砕きながら鎮圧。富澤さんは土質に合わせて2～5回踏んで、しっかり鎮圧する（写真は筆者の圃場とは別。提供：新田慎太郎、Nも）

ゴミ上げ作業が大変で……

私がイネの無代かき栽培を始めたのは7年前からで、浮きワラの処理を解消したい父親から提案されたのがきっかけです。それ以前の工程は、ロータリで荒起こし、入水後に荒代かき、続けて仕上げの植え代かきという手順でした。

代かきは浅水でしていましたが、泥炭層に山土を客土した土質のせいか、代かき後の水田にはイナワラがゴミとして浮いてきます。ゴミ上げ用の柄の長いレーキを使い、水を含んで重くなったワラをすくってトラクタのバケットに入れ、堆肥場まで運ぶ作業は重労働です。田植えの前に2人がかりで丸2日かかります。当時20代だった私も、その大変さを感じていました。

代のかきすぎで植え付け精度が落ちていた!?

周囲に無代かき栽培をする人がいなかったので、他地域の実践者やインターネットから情報を収集して始めました。

作業工程は、まず以前と同じく秋にプラウで反転してワラを埋め込みます。春にレーザーレベラーで均平をとり、施肥してスタブルカルチで混和。アッパーロータリで砕土し、ケンブリッジローラーで鎮圧後、入水、田植えという手順です（作業機は畑作で使っていたもの。現在はスタブルカルチの工程を省略）。

最初の2年ほどは1圃場のみでやりました。水を馴染ませるために田植えの1週間前に入水しましたが、浮きワラはほとんどなく、気になるゴミを軽く上げるだけで済みました。

また私の感覚では、代かきした水田よりも、田植え時の植え付けがよくなったと感じました。

父親が代かきしていた頃はワラをしっかり埋め込みたかったからか、代をかきすぎていた気がします。田植えで水を落としても、土がサラサラして落ち着かず、転び苗の原因にもなっていたようです。無代かきや粗めに代かきしたほうが、落水時にほどよく土が締まって植え付け精度が上がると感じます。

筆者。水稲10ha、小麦7ha、ハクサイ2.5ha、カボチャ1.5haを両親・妻とともに栽培

無代かき圃場と同じく、縦浸透のよい乾田直播の圃場で育ったイネの根（N）

無代かきの圃場に４〜５葉のポット苗を坪60株で植える。田植え後すぐに５〜７㎝ほど水を入れ、１週間以内に初期除草剤を水口から流し込む。ケンブリッジローラーで田面を締めているので、除草剤の効きもよい

土はコロコロ、縦浸透がよい

３年目からは水田の全面積を無代かきにしました。ゴミ上げは、３〜４時間あれば１人で10haをこなせます。現在では、周囲の農家でも何軒かが無代かきを始めるようになりました。

無代かきで懸念されることもいくつかあります。よく聞かれるのは、水もちです。無代かきは土の団粒構造を活かす方法でもあり、田んぼの土を手ですくうとコロコロとした粒の状態が保たれています。水の縦浸透がとても優れており、当初は１日の減水深が多くなったと感じました。しかし、しばらくすると地下水とつながるからか、気にならなくなりました。

また、「無代かきを５年やったら、翌年には代かきをして縦浸透を潰さないといけない」という経験談もよく耳にします。しかし、私の圃場には当てはまりませんでした。７年やって今年も継続する圃場があります。

圃場の準備は、レーザーレベラーで均平にできていれば、明らかに速く作業ができます。砕土時の深さはたったの８㎝なので最高速度で耕耘でき、焦らなくても他の春作業（カボチャの定植など）を優先できるようになりました。最悪の場合、田植えの前日に入水しても大丈夫でした。

ガスわきも減った

作業面だけでなく、イネの生育にも多くのメリットがあります。まずは水が透き通っていること。当地では成苗ポット植えで、田植え直後から深水にして寒さから苗を守ります。透明な水で光が水中にまで届くと、田植え直後から光合成の効率が上がると感じます。田面に直接光が差し込み、地温を確保することもできると思います。代かきや田植えにともなう落水で濁水が流れることもなく、環境への負荷も軽減できます。

さらに、無代かきは縦浸透がいいため、温まった水と酸素が地中に浸透します。地温が上がり、土中での還元作用が起こりにくくなるため、ガスわきも抑制されます。代かきをしていた頃は、夏に田んぼに入るとブクブクとわいていましたが、無代かき圃場ではそれがありません（有機物の投入はワラのみ）。そのため、生育中の根は夏でも白く保たれ、根張りがよくなり倒伏に強くなると感じます。収量は10ａ９〜10俵で、代かきしていた頃と変わりません。

（北海道岩見沢市）

＊２０１９年５月号「ガスわきなし、真っ白な根が伸びた」

パワーハローで表層を締めた無代かき圃場。田植え時もスイスイ歩ける（写真はことわりのない限り依田賢吾撮影）

パワーハローによる砕土・整地・鎮圧の様子。縦軸爪で土を砕き、後ろにあるスパイラルローラーで鎮圧していく（倉持正実撮影）

パワーハローで無代かき栽培

地温が高くてイネの生育もよかった

茨城県五霞町・鈴木一男さん

表1　耕し方の違い

	無代かき区	代かき区
12月	サブソイラで心土破砕	ロータリ耕
1月	スタブルカルチで粗耕起	
3月	ロータリ耕（草対策）	ロータリ耕
4月	ブロードキャスタで施肥	ブロードキャスタで施肥
	パワーハローで砕土・鎮圧	ドライブハローで代かき
5月	田植え	田植え

無代かき区でサブソイラをかけるのは、圃場を乾かし草を抑えるため。代かきをしない分、冬の間の草対策をしっかりやる（除草剤は、いずれも田植え同時と8～9日後の中期一発剤のみ）

耕盤層の地温が1℃違う

裸足で田んぼに入ってみると、土の表面がにゅるっと生温かい。でも、土中の硬い耕盤層まで足裏が届くと、急にヒンヤリと冷たくて「気持ちいい！」。そんな体験をした方も多いのでは。じつはこれ、典型的な代かき圃場での地温の感じ方のようだ。

いっぽう、無代かき栽培では話が違う。茨城の鈴木さんは、パワーハローで表層を砕土・鎮圧するだけの無代かき栽培に挑戦。無代かき水田と代かき水田の地温変化を比べてみた。

田植え当日の5月1日、表層5㎝の地温は、代かき圃場のほうが高かった。しかし、代かき圃場の耕盤層に当たる深さ17㎝では、無代かき圃場のほうが約1℃高かった。6月6日には、表層5㎝はどちらも同じ温度。だが深さ17㎝では、やはり無代かき圃場のほうが約1℃高かった。

無代かき圃場では、土の塊が残っているおかげで水の縦浸透がよく、日中に温められた水が地中にも届くようだ。

生育旺盛、収量もアップ

それに伴い、草丈、茎数、葉色は、生育期間を通じて無代かき圃場のほうが良

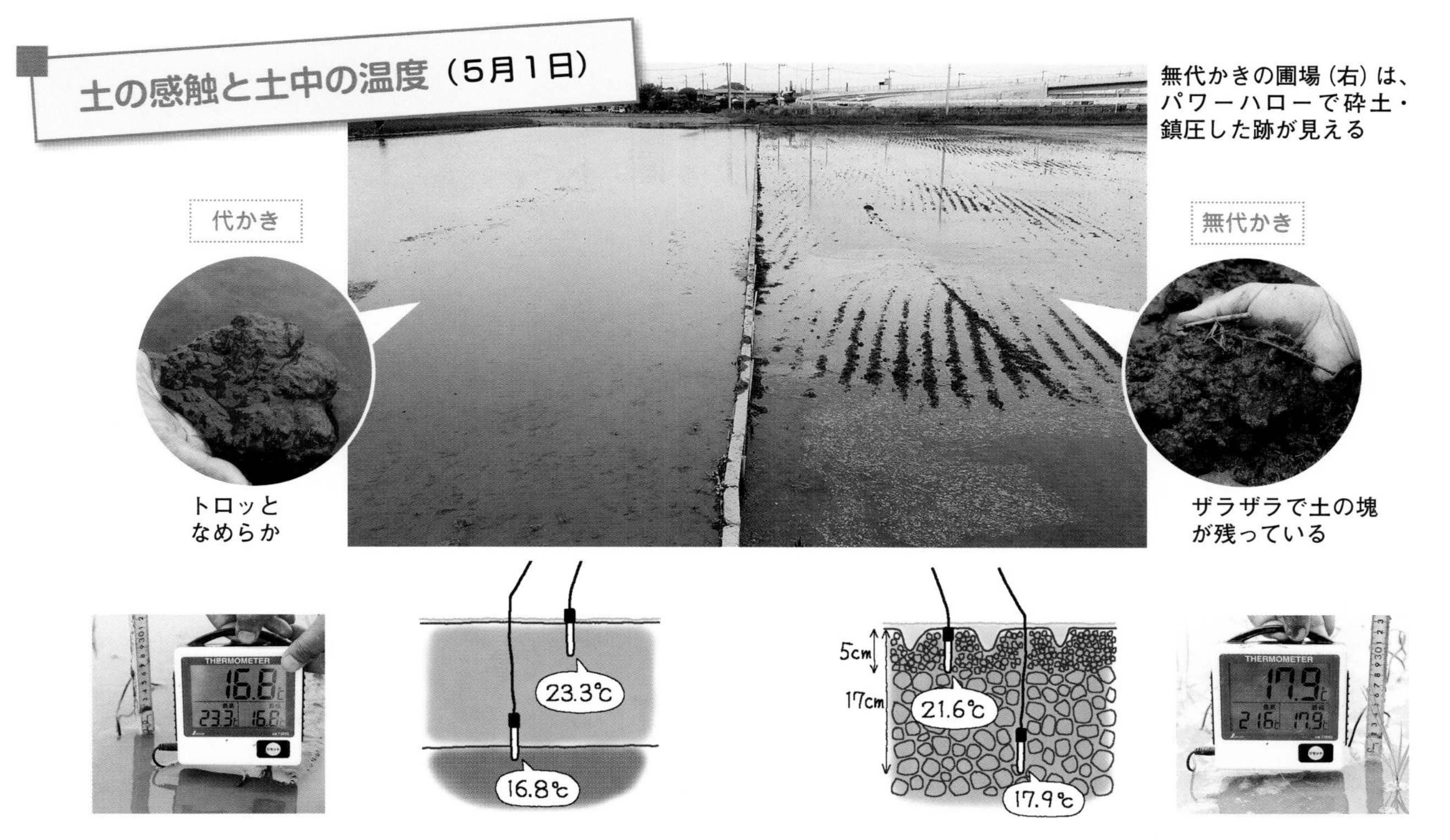

表層5cmの温度は23.3℃と高いが、17cm下まで挿すと明らかに硬くてヒンヤリとした耕盤層に突き当たり、温度は16.8℃まで下がった

水口から20mほど離れた地点で測定。表層5cmの温度は21.6℃（最高温度、写真の左下の表示）だが、感温センサーを17cm下まで挿すと17.9℃だった

表2　代かきの有無が生育へ及ぼす影響

調査日	移植後日数	草丈（cm）		茎数（本/m²、カッコ内は本/株）		SPAD	
		代かき区	無代かき区	代かき区	無代かき区	代かき区	無代かき区
6月1日	+30日	32.9	37.0	376.5（25）	444.7（29）	36.5	39.8
6月22日	+51日	52.8	55.6	579.5（38）	647.0（43）	36.6	36.2
7月12日	+71日	83.3	83.5	443.2（29）	497.7（33）	31.2	35.3

いずれも坂東地域農業改良普及センター調べ

表2　収量および品質への影響

	出穂期（月/日）	成熟期（月/日）	稈長（cm）	穂長（cm）	穂数（本/m²）	千粒重（g）	登熟歩合（%）	収量（kg/10a）	くず重（kg/10a）	アミロース（%）	玄米タンパク質含有率（%）	食味値	整粒（%）
代かき区	7/21	8/28	90.2	18.7	411	22.2	93	445	36	19.0	6.8	75.3	80.3
無代かき区	7/19	8/27	92.7	19.5	433	22.3	94	506	32	18.6	6.4	80.0	83.0

好に推移し（表2）、収量も半俵程度多かった（表3）。とくに幼穂形成期の栄養状態がよかったようで、平均的な穂を開くと、無代かき圃場は2次枝梗モミが多く、その分、粒数も多い傾向にあった。

千葉県で無代かきと代かき圃場の生育を比較した論文（三原、2009）でも、やはり全期間を通じて無代かき区の生育が優る結果が出ている。ただ収量は代かき区のほうがよかった。こちらの場合は、無代かきのほうが幼穂形成期のチッソ供給量が減って一時的に葉色が褪めたのが原因のようだ。

幼穂形成が始まるこの時期は、イネのチッソ要求量が最も高まる。生育旺盛な無代かきイネは、条件によってはチッソ不足に陥る危険が高まるのかもしれない。イネの生育に合わせた穂肥判断も、増収のカギを握りそうだ。（編）

＊2018年3月号「パワーハローでイネの無代かき栽培　コロコロの団粒で、収量も食味もアップ!?」／19年5月号「地温が高くて、イネの生育もよかった」

雑草対策には深水代かき

轍（わだち）をつけて目印に

トラクタ：
EcoTra EG76（ヤンマー、76馬力）
ドライブハロー：
TXV440（小橋、作業幅4.4m）

植え代は全面水没の深水で行なう。代かき跡が見えにくいため、まずはハローを上げたまま6～7km/hでジグザグ走行。目印にする轍をつける（52ページ図も参照。写真はすべて依田賢吾撮影）

注）特別栽培の田んぼだが、砂地なので多めに水を入れた

トロトロ層を手早く作る

夜に深水で植え代かき

長野・石田慎二

まず最初にお断りしておきたいと思います。基本的に深水代かきはオススメできません。水が多いと、当然ワラが浮いてキレイに埋め込めませんし、浮いたワラが隅に寄ってしまいます。さらに、どこまで仕上げたかを確認するのも一苦労。一般的に推奨されるヒタヒタの浅水代かきのほうが、あらゆる面で合理的だといって差し支えないでしょう。

ただ例外として、除草剤を使わない有機無農薬などの稲作においては、深水代かきが効果を発揮する場合があります。それは、田植え後の除草機による初期除草を、より効果的に行ないたいという場合です。

夜8時、代かきを終えた筆者。カボチャを約5ha栽培しつつ、水稲約5haの代かき・田植えを一人でこなすため、日中は田植え、代かきは夜に行なうことが多い

外周を残して隣接耕から開始。ライトを頼りに、2～3㎞/hで轍へ垂直に進んでいく。
代をかいた場所は轍が消えるので、それを目印に往復する。夜はかき残しが出やすいので、前の列に対してハローを約50㎝重ねるよう意識する

トロトロ層を作る早期湛水

有機無農薬の稲作で一番の難関は雑草対策だといわれており、全国の農家がさまざまな抑草・除草に取り組んでいます。代表的な方法の一つに、「早期湛水」と「2回代かき」の組み合わせがあります。1回目の代かきから3週間以上の湛水期間を設け、この間に雑草を発芽させてしまう。そこへ2回目の代かきをして、雑草を練り込む、または浮かせて、雑草の密度を下げる方法です。

この方法では雑草の密度が低下するだけでなく、長期の湛水によって水田の生物相が豊かになり、トロトロ層の発達や藻類の発生も促されます。これにより期待できる効果として、以下のことが挙げられます。

①トロトロ層の形成によって、雑草種子を埋没させる。

②トロトロ層の形成によって、除草機を入れた場合に雑草が反転しやすくなり、除草効果が上がる。

③発生した藻類による遮光で、雑草の生育が抑制される。

中でも私は、②のトロトロ層形成により除草機で雑草が反転しやすくなる、というメリットに大きな魅力があると考えます。

深水で強制的にトロトロ層形成

いっぽうで、早期湛水には以下のよう

深水代かきで物理的にトロトロ層を作る

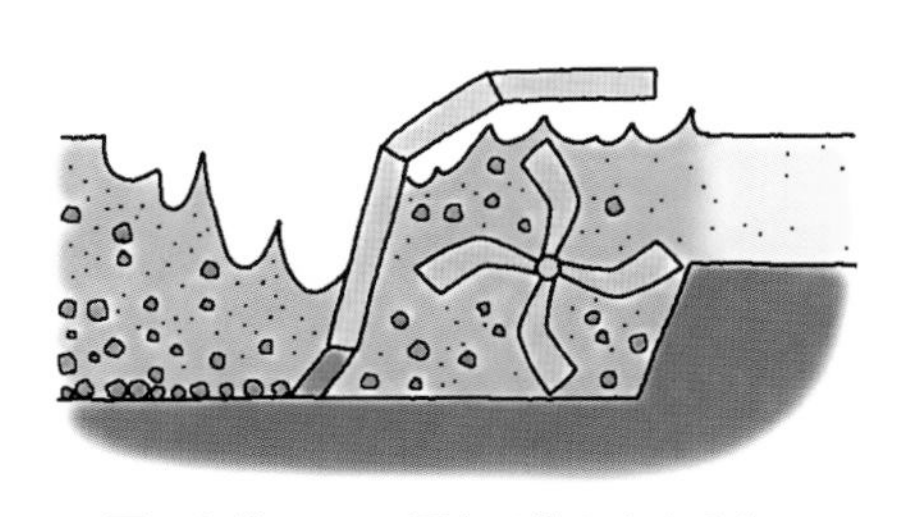

田面から約10㎝の深水で代かきすると、田んぼが一面の泥水となる

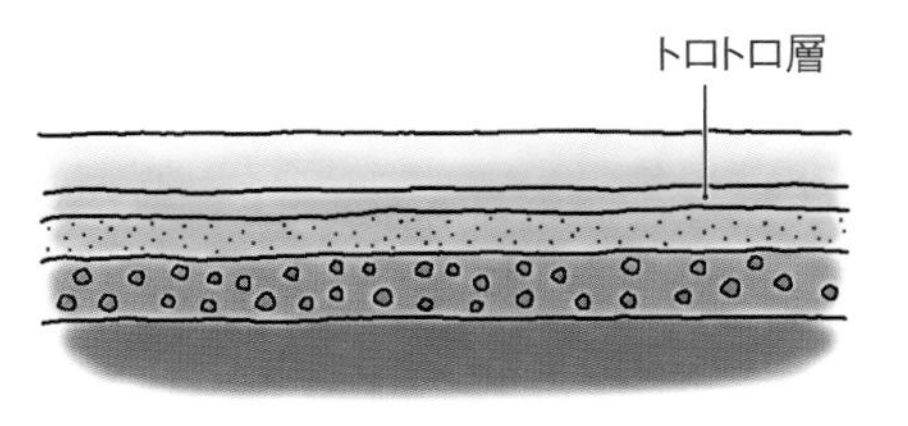

泥は大きな粒子から沈殿していくため、一番上には非常に細かい粒子のトロトロ層ができる

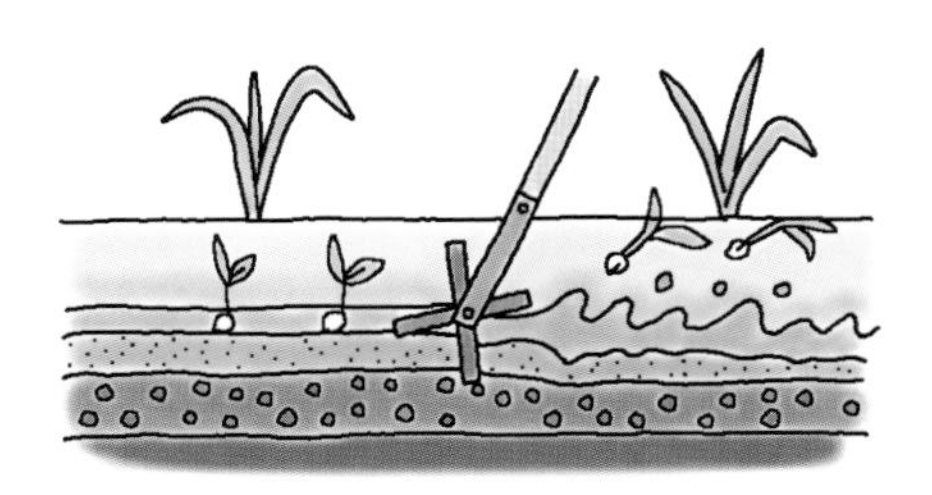

初期除草時、トロトロ層で発芽した雑草は簡単に反転、または浮かび上がる

元からあるハロゲン4灯ワークランプは、おもに前方用の照明。サイドの明かりを確保するため、筆者はLEDライトを増設

元からある2灯ワークランプに加え、斜め後方を照らすLEDライトを増設。作業幅4.4mのハローの両端近くを照らし、隣接耕での作業跡の重なりをチェック

真っ暗な夜中でも、ライトでサイドやハローの両端を照らせば、外周耕でアゼ際ギリギリまで寄せられる

深水代かきで迷わないコツ

❶ 代かき開始前にトラクタで空走行し、隣接耕の進行方向に対して垂直方向にジグザグ状の轍を作る

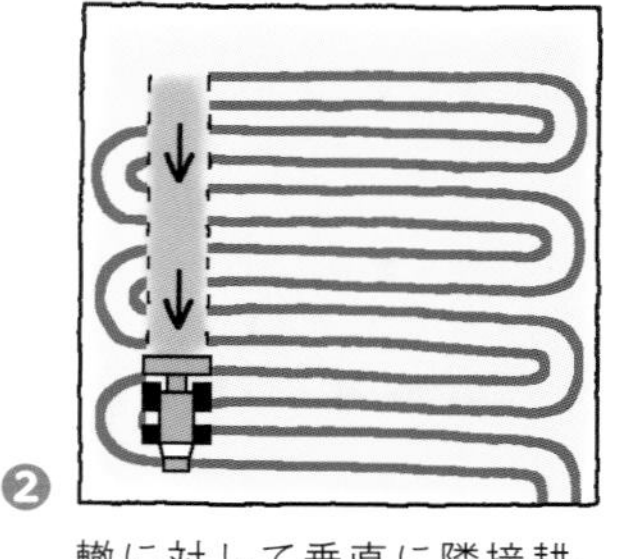
❷ 轍に対して垂直に隣接耕。代かき跡は轍が消えるので、それを目印にする

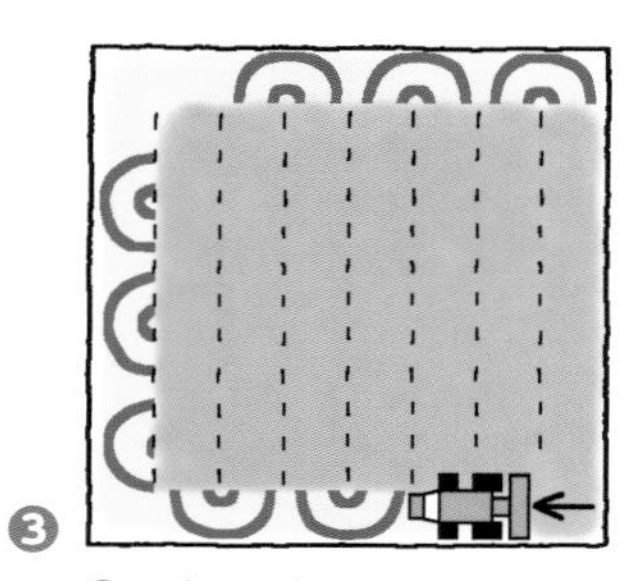
❸ ❷で残った轍と隣接耕時のターンでついた轍を目印に周回耕を行なう

注）夜間に代かきする場合は、かき残しがより出やすいため、轍の数を増やしたりする工夫が必要

なデメリットもあります。

・藻類の早期からの発生により、水温が上がりにくい。

・その藻類がイネに覆い被さるのを防ぐため、田植え後の深水管理を避ける必要があり、ヒエの繁茂を招く。

・オモダカ、クログワイなど球根系雑草の発芽スイッチが早くから入り、イネが初期から競合にさらされる。

・湛水中の水管理に手間がかかる。

とくに、忙しい春、3～4週間もの湛水は水管理に手間が割かれ、大きな負担になります。そこで、私は別の方法でトロトロ層を作ります。冒頭で、通常はオススメできないと書いた深水代かきです。

私が深水代かきをするのは、植え代です。深水で代かきをすると大量の泥水ができます。その泥の微粒子が、田植えまで数日間をかけて表層に沈殿。強制的に田面にトロトロ層を作り出すことができるのです。これにより、除草機による初期除草の際、雑草を容易に反転させることができ、除草効果が上がります。

私にとって深水代かきとは、本来形成に手間暇かかるトロトロ層を、短期間で強制的に、生物的ではなく物理的に作り出してしまおう、という目的で行なうものなのです。

日が完全に落ちたが、ライトで轍の目印を照らして見れば作業は続けられる。10aにかかる作業時間は約10分

植え代の3～4日後に田植え。深水で代かきした場合、泥が軟らかくなって苗が倒れやすいので、田植え機のフロートの圧を緩めたり、水を少なめにして植えたりして対処する

筆者が有機栽培を続けた田んぼのトロトロ層（生物的に形成されたもの）。深水代かきをすれば、有機栽培にして日が浅い田んぼでも、これに近い田面をつくることができる

田植え時の排水は少なく

具体的な方法として、私の場合は浅水（田面が7～8割見える状態）での荒代かき後、湛水状態で7日ほどおき、土が十分に落ち着いた頃、田面から10㎝程度の深水で2回目の代かき（植え代）を行ないます。

除草機による初期除草の効果を考えれば、植え代から3～4日で田植えしたいところです。そのため私は、写真のように夜に代かきをすることで日中の田植えの時間を確保し、スムーズに作業を進めています。

また、田植えまでの間はトロトロ層を作り出すために田面を露出させず、かつ田植え時にはあまり排水しなくてもよい水位としたい。代かき時に生じる泥水は、肥料成分や生物を豊富に含んだ宝であり、環境への配慮からも無駄に排水すべきものではありません。

土質によって減水深も大きく異なるので、田んぼの個性に見合った水位コントロールを徹底します。なおかつ、ヒエの繁茂を招かないよう、田植えまで絶対に田面を露出させない水管理が重要だと思います。

（長野県佐久市）

＊2019年5月号「夜の植え代かき」「深水代かきで、トロトロ層を手早く作る」

2回目の深水代かき

出芽し始めたコナギが大量に浮かんでくる（写真はすべて依田賢吾撮影）

深水代かき3回で コナギもクログワイもぷかぷか浮かせる

栃木県塩谷町・杉山修一さん

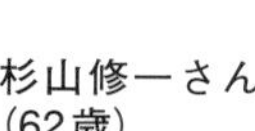
杉山修一さん（62歳）

田んぼの3分の1が、浮いたクログワイで覆われた

荒起こしの後に発生した雑草を土に埋め込むなら、だんぜん浅水代かきだ。しかし、まったく別の発想もある。あえて深水で代かきをして、雑草をすき込まず、水にぷかぷか浮かせてしまう手だ。このやり方で、なんと難防除雑草のクログワイの数も減らせるのだという。

「タネは重くて水に沈むけど、発芽、発根が始まると、水より比重が軽くなるんです。通常は根っこが土をつかんでいるから浮いてこないけど、深水状態で水と土を混ぜ合わせるとどうなります？　土の粒子はゆっくり下に沈んで、草は浮いてきます。しかし、塊茎をつくるクログワイも同じだというのは、最近まで私も知りませんでした」

水稲37haのうち、10haの圃場で有機無農薬栽培をする杉山修一さんも、4年前にこの方法で成果を上げたときには、本当にビックリしたという。除草剤を使わない農業を始めて10年ほど経った頃で、そこはもはや草だらけ、クログワイだらけの圃場だった。ところが、深水代かきをすると、大量の塊茎が田面に浮いてきたそうだ。

「そりゃ壮観でしたよ。田んぼの3分の1

右ページの代かき直後の田面を手ですくってみた。コナギがたっぷり浮いていた。クログワイも一部はすでに出芽。そのまま放っておけば水面で腐って沈み肥料分となるが、クログワイなどの塊茎が多いときは圃場外にすくい上げる

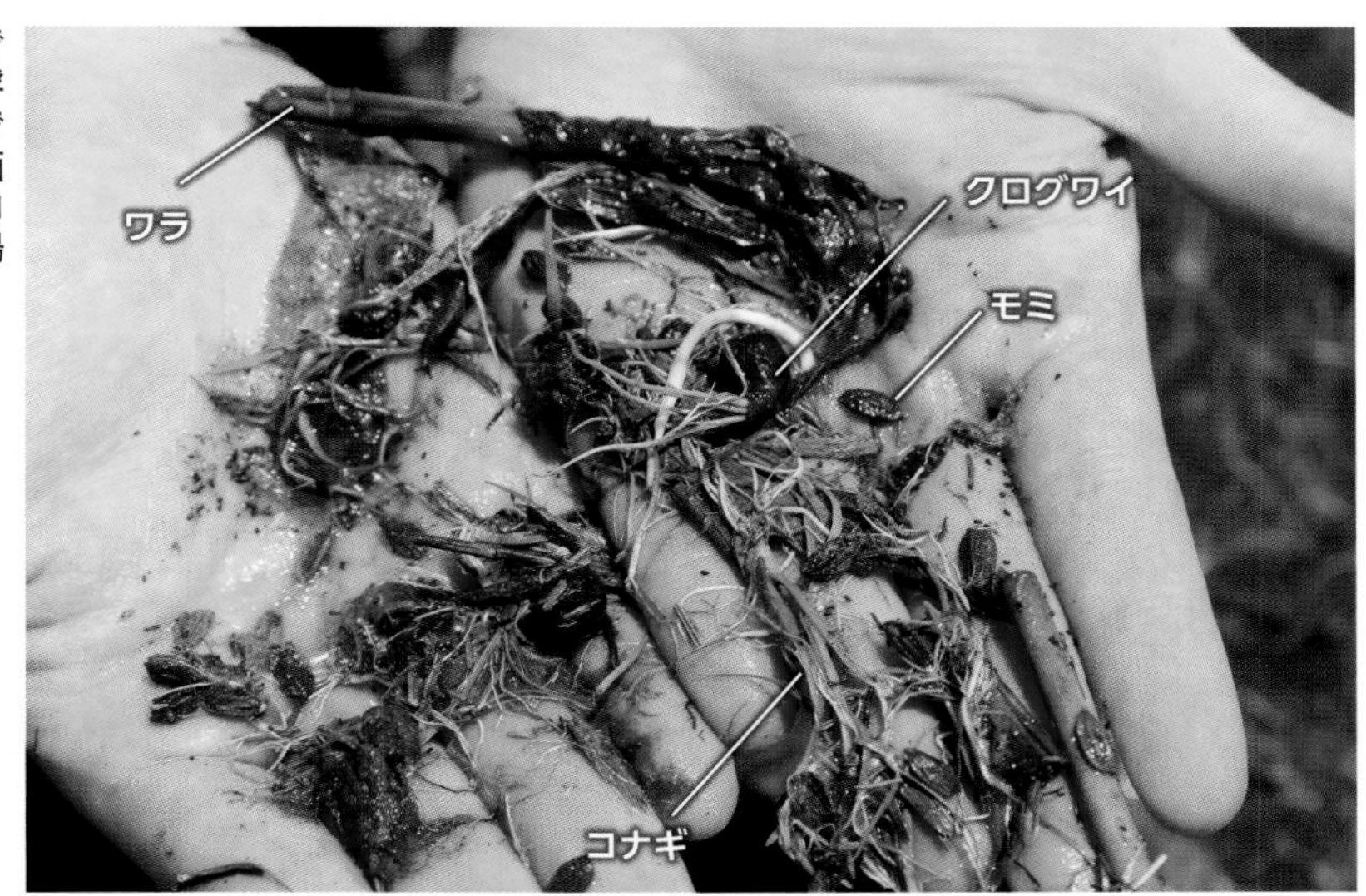

深水代かき後は浅水管理

2回目の深水代かきをする前のようす。1回目の深水代かき後に水深2㎝の浅水管理を続け、雑草の発生を促す

くらいが発芽したクログワイの残骸で覆われたんですから！」

深水代かき後の浅水管理で発芽を促す

具体的なやり方を見てみよう。杉山さんの深水代かきは3回。いずれも水深は5〜7㎝目標で、耕深は15㎝程度。耕盤すれすれまで爪を入れて、大量の水で土を攪拌するイメージだ。やり方は3回とも同じだが、目的は少しずつ違う。

まず、1回目は雑草が発芽を始める温度帯となる4月中下旬。ドライブハローで攪拌すると、たっぷりの水を入れたビーカーの中で土をかき混ぜたときのように、田んぼの中でも比重選が始まる。重い砂が下層に落ちて、徐々に軽い土がふわーっと上層にのっかっていく。土中にあったタネも比重に応じてその中に埋まる。雑草のタネは、「自分が一番発芽しやすいベストポジションを確保する」のだ。

次に、水深2㎝ほどの浅水管理。よーいドン！のスタートラインについた雑草のタネは、浅水管理で地温が上がると、2週間ほどでいっせいに田面に姿を現わす。

そこで、もう一度水を5〜7㎝に張って、深水代かき。すると、今度はコナギを中心とした草が比重選で沈まずに、ぷかぷかと浮いてくる。ここで田植えをしてもよ

3回目の深水代かき

一面水に覆われた湖のような田んぼでの代かきだ

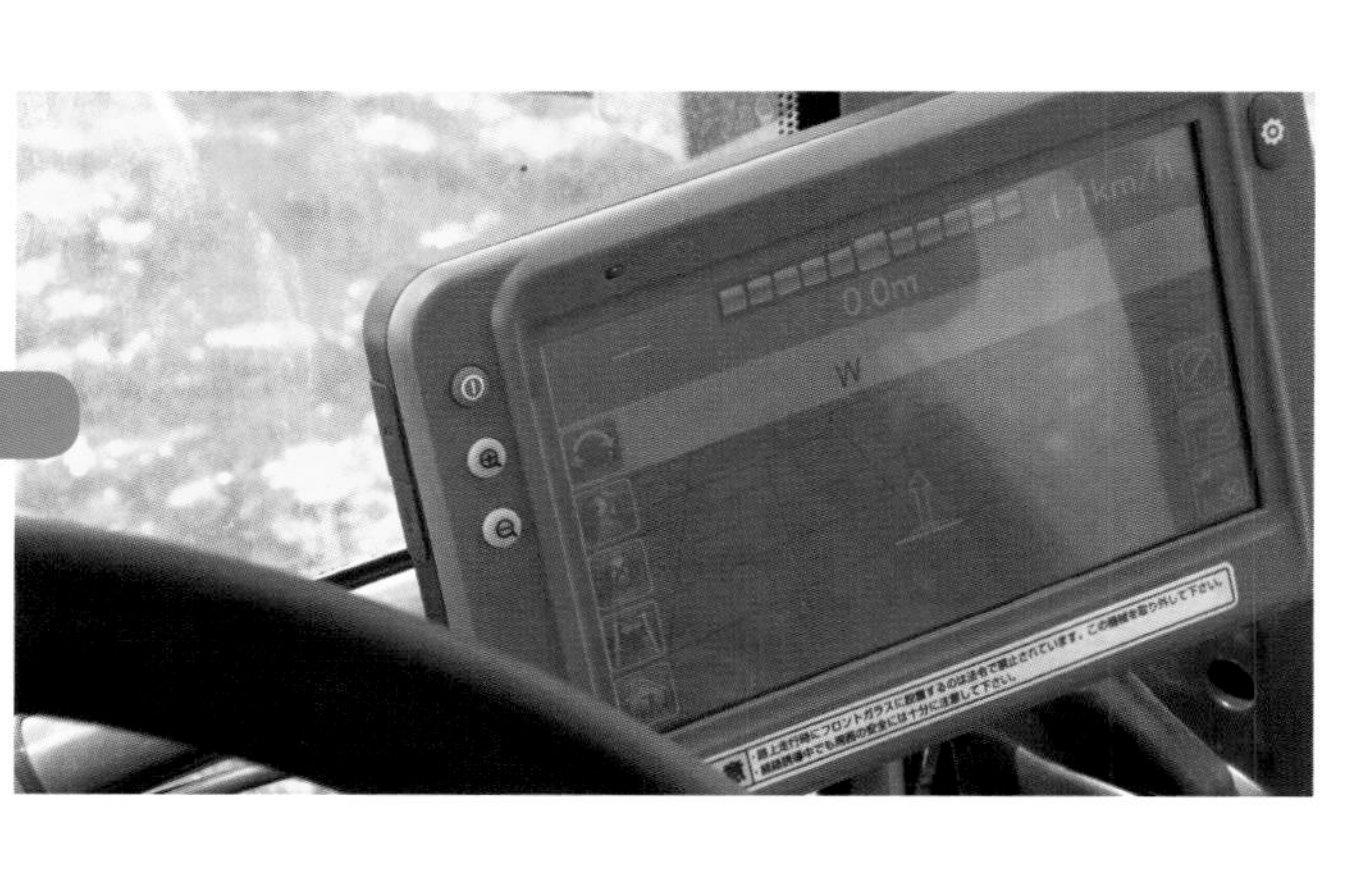

簡易GPSでコースどり

見た目ではどこを代かきしたのかまったくわからない。簡易GPS（15万円程度）を取り付けて、代のかき残しや重複を減らしている（重なり部分はピンクで表示されている）

さそうだが、杉山さんはもう一度水深2㎝の浅水管理を2週間ほど続ける。発芽の遅いクログワイやオモダカが目覚めるのを待つためだ。

「この地区は標高200mくらいなんですけど、5月25日を過ぎるとクログワイも発芽が始まるんです。そこを攪拌すると塊茎と根っこが一緒に浮き上がってきちゃうんですね」

雑草にも命がある、根絶やしにはならない

田植えは3回目の代かきが終わった2日後だ。田植え後は浅水管理ではなく、水深7㎝以上の深水管理とする。これでヒエの発生は抑えられる。

ただし、深水代かきと田植え後の深水管理で、コナギやヒエ、クログワイが根絶やしになるわけではない。草たちも生きるために必死だ。すべてのタネや塊茎がその年に発芽するわけでもない。それに、そもそも杉山さんにとっては「彼らもやっぱり大切な命」。だから、「ゼロにはしないよ。ちゃんとここで子づくりしてタネを残しな」というスタンス。共存共栄である。

深水代かきがうまくいけば、田植え後の除草はとくにしなくてもよいが、発生具合を見て乗用の除草機を入れたりもする。そのあたりは柔軟に対応すればよい。

大量の草が浮いてきた

落ち穂から出たイネのほか、クログワイやオモダカ、コナギ、ヒエなどが見られた

オモダカ
オモダカ科。成葉は矢じり形の葉が特徴的だが、初期は広線形。やはり塊茎をつくって冬越しする

クログワイ
カヤツリグサ科で地下茎を伸ばして増え、地下に塊茎をつくって冬越しする

ワラは秋から冬に腐らせる

秋から冬に3回耕耘することでワラが腐熟。水に浮かないようになる

深水代かきでも浮きワラは減らせる

ところで、深水代かきをすると、大量のワラが浮いてきてしまいそうだが、これも比重の問題なのだとか。秋から冬にかけて3回耕耘することで、腐熟を進め、水より重いワラにしておくと、代かき時にいったん浮いても、すぐに沈んで泥の中に入っていってくれる（ある程度は浮いたまま）。

また、冬の間に腐熟を進めると、ワラの肥効が穂肥や実肥のタイミングで出てきてくれる。一方、未分解のワラはイネ刈り後にようやく肥効が出てきて、刈り跡からたくさんのヒコバエを発生させる。秋に稲株から出たヒコバエで一面緑になった田んぼは、「せっかく土に還元したワラの成分がムダな時期に効いてきた、なんとももったいない光景」なのだとか。 編

塗ったばかりの青木さんのアゼは、太陽光を反射してつやつや光る
(写真はすべて倉持正実撮影)

おまけ

水もち対策

アゼ塗り機で 丈夫な「手塗りのアゼ」を再現

三重県松阪市・青木恒男さん

代かきの名人が口を揃えて言うことは、「水もちをよくしたいなら、アゼ塗りをしっかりするべし」。水もちの良し悪しは、田んぼの縦浸透より、アゼからの水漏れの有無で決まることが多いからだ。

鍬で塗り固めた「手塗りのアゼ」のように崩れにくく、シーズン通して水漏れしにくいアゼを機械で再現する作業を見せてもらった。

水分たっぷりのつやつやアゼが理想

最近のアゼ塗りは、春先の比較的田んぼが乾いた時期に行なうのが一般的。トラクタを使うアゼ塗り機では、田んぼが乾いていたほうが効率よく作業できるからだ。

いっぽう、かつての手塗りアゼの作業工程は、以下の通り。

アゼ草を活用する

アゼ草は生やしたまま。
この状態でアゼ塗りすると…

土に草が練り込まれ、荒壁のように強くなる。また元アゼの半分は埋めないよう土の量を調整。草を残したほうがアゼは丈夫

青木恒男さん。
水田5haのほか、水田転換畑40a（うちハウス20a）・畑10aでストックや直売所用の野菜などを栽培

①水を入れて練った土を備中鍬で盛る。
②平鍬で叩き締めて元アゼに泥を密着させる。
③さらに水をかけながら平鍬で表面を仕上げ塗りする。

アゼ塗り機との最大の違いは、アゼ際に引いた水を大量に使って作業することだと青木さん。

乾き気味の土でつくったアゼ塗り機のアゼは、ひと皮むけば耕した畑のような状態。崩れやすく、水漏れしやすいアゼになりがちだ。そこで青木さんは、なるべく土壌水分が多いときを狙ってアゼ塗りする。乾燥しがちな砂質の田では、あえて雨の日に作業するほどの徹底ぶりだ。

アゼ草をおおいに活用する

もうひとつの特徴は、アゼ草を活用すること。アゼ塗り機では耕耘爪で元アゼを崩しながら盛っていくため、作業前にアゼ草を刈ったほうが見た目はキレイに仕上がる。しかし青木さんは、あえて草を生やしたままにしてアゼ塗りする。アゼ草を一緒に塗り込んだほうが、荒壁に切りワラを入れて塗るのと同じく、割れにくくて強いアゼにできるからだ。 編

（アゼ塗りの手順は次ページに続く）

＊2013年3月号「鍬塗りアゼをヒントにした青木さんのアゼ塗りを見た」

水分多めのタイミングを狙う

乾いた状態で塗った近所のアゼ

アゼ塗り半月後。表面には小さなヒビしかないが…

触ると簡単に崩れてしまう。表面の土が元アゼと一体化していないためだ

水分多めで塗った青木さんのアゼ

表面が乾き、大きなヒビが走っているが…

ヒビに指を入れて力いっぱい引っ張らない限り崩れない。表面の土が元アゼと同化している

アゼ際の土を握り、簡単におにぎりができるくらい湿った水分状態がベストの作業タイミング。乾かさないためには、アゼ際1条分の土を耕さない状態のまま残しておくのもコツ

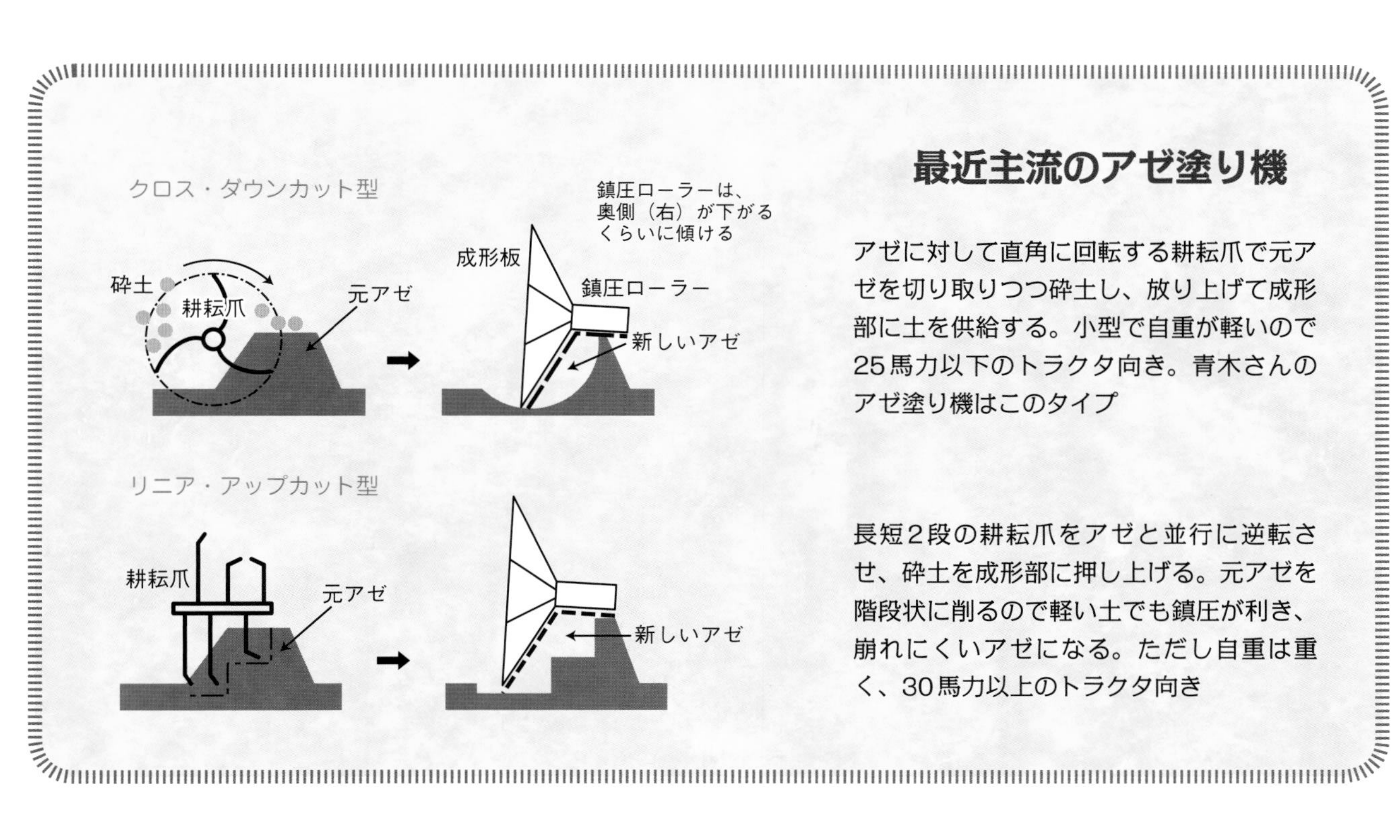

最近主流のアゼ塗り機

アゼに対して直角に回転する耕耘爪で元アゼを切り取りつつ砕土し、放り上げて成形部に土を供給する。小型で自重が軽いので25馬力以下のトラクタ向き。青木さんのアゼ塗り機はこのタイプ

長短２段の耕耘爪をアゼと並行に逆転させ、砕土を成形部に押し上げる。元アゼを階段状に削るので軽い土でも鎮圧が利き、崩れにくいアゼになる。ただし自重は重く、30馬力以上のトラクタ向き

トラクタ・アゼ塗り機の設定

左右に振れないよう調整

アゼ塗り機が左右に大きく振れると、まっすぐ塗れなかったり、年々アゼが広くなってしまったりする。振れが少なくなるよう、作業前に３点リンクのターンバックル等を締めて調整しておく

エンジン回転を落として微速作業

エンジン回転数：1800 程度
車速：主変速２（１～４中）
PTO：２速
車速：クリープ（微速）

機械が小ぶりで爪の本数も少ないため、エンジン全開にするほど馬力は必要ない。PTOギアは途中で変えず、車速で盛る土の量を調整する

青木さんのアゼ塗り手順

タイヤを元アゼにピッタリつける

まっすぐアゼを塗るにはスタートが肝心。タイヤを元アゼにピッタリつけ、耕耘爪の回転軸が後輪の真後ろにくるよう調整する

ガーガー音がなったらサイドカバーを開く

いざアゼ塗り開始。車速はクリープ（微速）でゆっくり。ただし足を遅くしても、元アゼが低いところでは成形板で固める土の量が増えるため、アゼ塗り機やトラクタへの負担が大きくなる。故障を防ぐため、「ガーガー」という音に変わったらアゼ塗り機のサイドカバーを開き、成形板で固める土の量を減らす（右図）

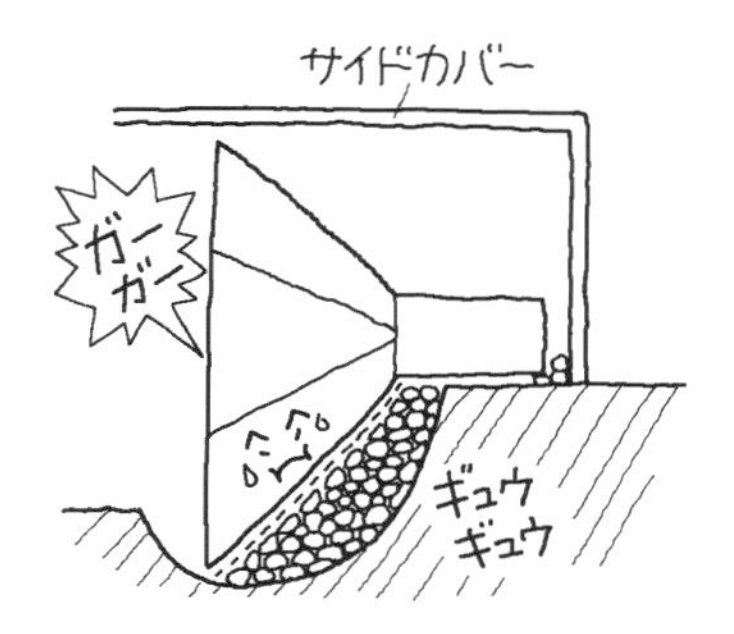

サイドカバーを
アゼ側に開くと…

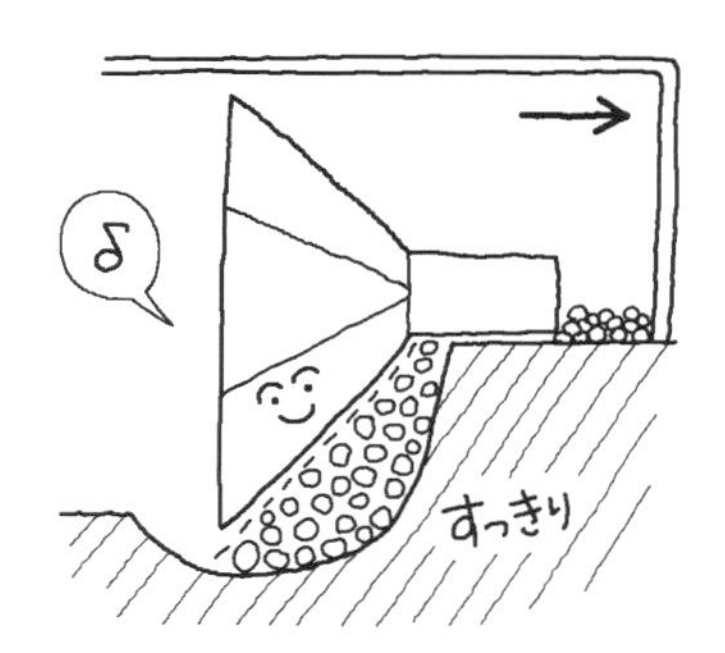

成形板で固める土の量が減るため、
機械への負担を減らせる

水分多めで塗った青木さんのアゼ

ヒビも埋まり、まったく崩れていない。これなら草刈りも追肥も安心してやれる

乾いた状態で塗ったアゼ

入水して代かきが終わる頃には崩れてしまった

アゼ塗り１カ月後…

水が溜まっている田んぼでの裏技

田んぼによっては、アゼ際に水が溜まった状態でアゼ塗りせざるを得ないこともある。ベチャベチャで土を上げにくいので、アゼの形を工夫する。

元アゼが低い場合 ☞ 大径ローラーで「小さいアゼ」

鎮圧ローラーをオプション部品の大径ローラー（写真下）に付け替えると、少ない土でもアゼを締めやすい。アゼ塗り機をやや高めに調整して元アゼの土を少しずつ上げて塗り、低め（高さ20㎝ほど）だが崩れにくいアゼに仕上げる。

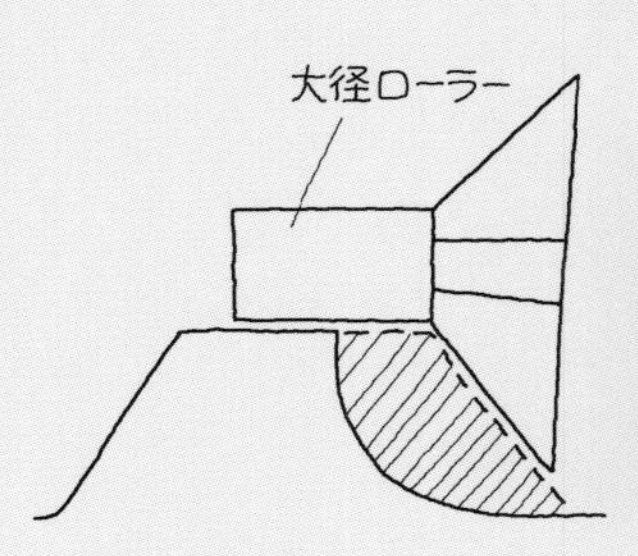

元アゼが高い場合 ☞「なだらかアゼ」に

図のように鎮圧ローラーをアゼ側に傾け、傾斜がなだらかなアゼをつくる。無理して土を高くあげる必要はない。水が漏れやすいアゼ下をしっかり固めていく。

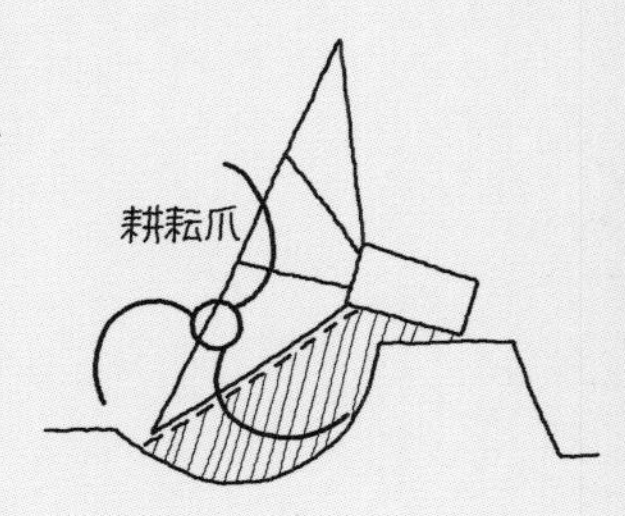

トラクタ名人　サトちゃんの技を取り上げたDVD＆単行本

サトちゃんこと佐藤次幸さんは福島県の稲作農家(p32)。この本と合わせてぜひご覧ください。

（農文協　TEL 0120-582-346）

DVD

イナ作作業名人になる！

コスト1/3をめざすサトちゃんのコメづくり

全４巻　（揃価４万円＋税、各本体１万円＋税）

第１巻　春作業編　100分

作業時間＆燃料半減、耕深10cmの浅起こしで耕盤まで真っ平らな田んぼに仕上げる耕耘の技をサトちゃんが披露。田植えも水管理もラクにする代かきの技も紹介。そのほか発芽率100%の種モミ処理、重さ半分でムレ苗知らずの培土づくり、苗丈10cmの健苗にする育苗管理、補植要らずの田植えのコツなど。

第２巻　秋作業編　58分

収穫ロスも故障も減らすコンバイン操作、格納前のメンテナンス、“たまげるほどうまい”米に仕上げる乾燥・調製・精米の技術、生育ムラなしの穂肥振りのコツ、ワイヤー１本でできる暗渠掃除まで紹介。

第３巻　耕耘・代かき 現場の悩み解決編　115分

サトちゃんが各地の田んぼを訪問。営農組合のみなさんや新規就農者など、さまざまな人たちが抱える耕耘・代かきの悩みをその人たちのトラクタを使って解決していく。土寄せ爪の入れ替え（p38）、ドライブハローで高低直し（p39）も動画で紹介。

第４巻　乾燥・調製・精米 現場の悩み解決編　105分

若手農家コタローくんが抱える乾燥・調製作業の悩み（ホコリ、モミの混入、選別効率…など）を聞いたサトちゃんが原因を見つけて対策を伝授。二人のやりとりを通じて、乾燥機やモミすり機（ロール式・インペラ式）、色彩選別機、精米機などの性能を完全発揮させるメンテと使い方を紹介。

DVD

サトちゃんの 農機で得するメンテ術

全２巻　（揃価15,000円＋税、各本体7,500円＋税）

第１巻　儲かる経営・田植え機・トラクタ編　87分

第２巻　コンバイン・管理機・刈り払い機編　73分

儲かる経営の最大のポイントは、農機を壊さないこと。機械を壊さないサトちゃんは、修理代をかけずに貯金できるから借金なし。といっても、日々やっているのは掃除や注油など誰でもできるメンテのみ。トラクタをはじめ、「ここさえ気をつければ壊れない」というさまざまな農機メンテのポイントを伝授する。

現代農業 特選シリーズ　DVDでもっとわかる

トラクタ名人になる！

64頁　DVD48分（定価1,800円＋税）

トラクタの仕組みや使いこなし方を、動画でわかりやすく解説。トラクタ名人・サトちゃんに加え、その技を学んだ母ちゃんから、若手農家、16歳の農業少年まで登場。それぞれの田んぼやトラクタで技を磨き、まっすぐ平らに、低燃費で効率もよくなる耕し方を追求する様子を紹介。

単行本

サトちゃんの

イネつくり作業名人になる

佐藤次幸著　136頁（定価1,600円＋税）

耕耘・代かき作業のほか、育苗、田植え、追肥、収穫、乾燥調製作業まで、サトちゃんの稲作作業のコツを一冊に。

現代農業 特選シリーズ　DVD でもっとわかる 13

代かき名人になる！

2021 年 1 月 10 日　第 1 刷発行

編者　一般社団法人　農山漁村文化協会

発行所　一般社団法人　農山漁村文化協会
〒107-8668　東京都港区赤坂 7 丁目 6-1
電話　03 (3585) 1142（営業）　03 (3585) 1146（編集）
FAX　03 (3585) 3668　　振替　00120-3-144478
URL　http://www.ruralnet.or.jp/

ISBN978-4-540-20160-8

DTP 制作／㈱農文協プロダクション
印刷・製本／凸版印刷㈱